FORSCHUNGSBERICHTE DES LANDES NORDRHEIN-WESTFALEN

Nr. 2512

Herausgegeben im Auftrage des Ministerpräsidenten Heinz Kühn
vom Minister für Wissenschaft und Forschung Johannes Rau

Prof. Dr.-Ing. Max Vater †
Dipl.-Ing. Klaus Rainer Baldner
Dr.-Ing. Dieter Lutz

Institut für Bildsame Formgebung
der Rhein.-Westf. Techn. Hochschule Aachen

Anlage zum Austenitformhärten von unlegiertem Stahldraht

Planung, Entwurf und Bau einer kontinuierlich arbeitenden Anlage zum Austenitformhärten von Draht und Schmalband aus unlegiertem und niedrig legiertem Stahl.
Änderung der mechanischen Eigenschaften durch thermo-mechanische Behandlung am Beispiel eines unlegierten Stahles mit 0,62 % C.

Westdeutscher Verlag 1975

Gesamtherstellung: Westdeutscher Verlag

ISBN-13: 978-3-531-02512-4 e-ISBN-13: 978-3-322-88297-4
DOI: 10.1007/978-3-322-88297-4

Inhalt

1 Einleitung

Da der Bedarf an Werkstoffen höherer Festigkeit stetig steigt, werden neben der Ausschöpfung legierungstechnischer Möglichkeiten seit ungefähr 20 Jahren Versuche unternommen, die gewünschten Eigenschaften bei Stahl durch eine thermomechanische Behandlung zu erreichen. Hierunter wird eine sinnvolle Verbindung einer Wärmebehandlung mit einer Umformung des Werkstoffes verstanden. Das Umwandlungsverhalten der Stähle in Abhängigkeit von der Zeit, der Temperatur und der Abkühlgeschwindigkeit wird in Zeit-Temperatur-Umwandlungsschaubildern (ZTU-Schaubildern) beschrieben, deren Kenntnis für die Durchführung derartiger Verfahren unbedingt erforderlich ist. Hierbei werden sowohl kontinuierliche als auch isotherme ZTU-Schaubilder herangezogen.

So ist zu Anfang der Entwicklung eine Reihe von Veröffentlichungen erschienen, die sich mit einem Verfahren befassen, das im angelsächsischen Raum als "Ausforming" und im deutschen Sprachraum meist als "Austenitformhärten" bezeichnet wird. Die sich aus dem ZTU-Schaubild ergebende Vielzahl der Möglichkeiten einer thermomechanischen Behandlung führte später zu einer genaueren Bezeichnungsweise der einzelnen Verfahren. Hier sei jedoch angemerkt, daß bisher eine Vereinheitlichung der Kennzeichnung einzelner Fahrweisen nicht vorliegt, so daß es ratsam erscheint, die jeweils gewählte Art der Behandlung anhand eines ZTU-Schaubildes zu erläutern.

Da die bisherigen Erkenntnisse hinsichtlich einer Änderung der mechanischen Eigenschaften durch thermomechanische Behandlung im wesentlichen nur auf Laborversuchen vor allem bei legierten Stählen beruhen, sollte im Rahmen der vorliegenden Arbeit eine kontinuierlich arbeitende Anlage erstellt werden, die eine thermomechanische Behandlung auch bei unlegierten Stählen ermöglicht.

2 Erkenntnisstand

Für eine thermomechanische Behandlung von unlegierten Stählen muß die zu erstellende Anlage wegen der extrem kurzen Inkubationszeit im Bereich des metastabilen Austenits folgende Forderungen erfüllen:

1. Das Abkühlmedium muß so beschaffen sein, daß eine Abkühlung ohne Phasenumwandlung möglich ist und gleichzeitig genügend Zeit für eine Umformung des Werkstoffes vor der Umwandlung verbleibt.
2. Diese genannte Forderung führt zu Probenabmessungen, die vor Einsetzen der Umformung einen Temperaturausgleich zwischen Rand und Kern gewährleisten (homogenes Gefüge über den Querschnitt).
3. Die Anlage muß gleichzeitig kontinuierlich betrieben werden können.

Aus den unter Punkt 1 und 2 genannten Forderungen ergibt sich, daß eine thermomechanische Behandlung bei unlegierten Stählen nur an Querschnitten mit nach oben begrenzten Abmessungen durchgeführt werden kann.

2.1 Patentieranlagen

Im folgenden sollen kurz Patentieranlagen für Stahldraht betrachtet werden, um so eine eventuelle Eignung für den geplanten Ausbau zu überprüfen.

Drähte mit mehr als 0,4 % C werden normalerweise vor einer Kaltverformung in Patentieranlagen wärmebehandelt, wobei man unter Patentieren ein Verfahren versteht, wodurch man ein für das nachfolgende Ziehen günstiges Gefüge erhält. Der Draht wird dabei von Temperaturen oberhalb A_{c3} auf Temperaturen zwischen 400 und 600 °C abgekühlt und anschließend isotherm umgewandelt. Hierbei erhält der Draht das für eine nachfolgende Kaltverformung günstige, sorbitische Gefüge (feinlamellarer Perlit), das eine hohe Verfestigungsfähigkeit und ein hohes Umformvermögen aufweist.

Bild 1a und b zeigt ein isothermes (Bild 1a) und ein kontinuierliches (Bild 1b) ZTU-Schaubild für einen Stahldraht der Güte D 45-2. In Bild 1c ist schematisch der Abkühlungsverlauf für verschiedene, heute gebräuchliche Patentierverfahren in ein isothermes ZTU-Schaubild eingezeichnet.

Jedes sich ausbildende Gefüge ist von folgenden Faktoren abhängig:

1. vom ZTU-Schaubild, das durch die Zusammensetzung des Werkstoffes gegeben ist;
2. von den Austenitisierungsbedingungen, wobei wiederum folgende Einflußgrößen beachtet werden müssen:
   a) geometrische Werkstückabmessungen (Temperaturausgleich Rand/Kern),
   b) Aufheizgeschwindigkeit,
   c) Höhe der Austenitisierungstemperatur und
   d) Haltezeit auf Austenitisierungstemperatur;
3. von den Abkühlbedingungen, die wiederum abhängig sind von
   a) den geometrischen Werkstückabmessungen,
   b) der Temperaturdifferenz zwischen Werkstück und Kühlmedium,
   c) der Wärmeableitung des Kühlmediums und
4. bei vorgegebenen Abmessungen einer Durchlaufpatentieranlage (Aufheiz- und Abkühlstrecke) von der Durchzugsgeschwindigkeit.

Der Einfluß der angeführten Parameter auf Gefügeausbildung und mechanische Eigenschaften patentierter Stahldrähte war bereits Gegenstand umfangreicher Untersuchungen, auf deren Ergebnisse im Rahmen dieser Arbeit nicht näher eingegangen werden soll [3 - 5].

Nach ihrer Arbeitsweise unterscheidet man Durchlauf- und Tauchpatentieranlagen, wovon letztere wegen der Forderung nach einer kontinuierlich arbeitenden Anlage außer Betracht bleiben können. Jede dieser Anlagen ist durch die Art der Austenitisierung (Ofenerhitzung; Bleibaderhitzung; konduktive oder induktive Erhitzung) und durch das Abkühlmedium (Bleibad; Salzbad; Luft oder Sand) gekennzeichnet.

Ohne Berücksichtigung einer mit der Wärmebehandlung einhergehenden Umformung des Werkstoffes sind die drei im vorangegangenen Kapitel angeführten Forderungen bei Durchlaufpatentieranlagen mit Bleibad erfüllt und zwar bei jeder Erhitzungsart. Bei einer zu erstellenden einadrigen Versuchsanlage bietet jedoch die konduktive Erhitzung sowohl verfahrenstechnische als auch wirtschaftliche Vorteile.

2.11 Widerstandspatentieranlagen

In herkömmlichen Patentieranlagen wird der Draht in einem verhältnismäßig langen, meist gasbeheizten Ofen auf Austenitisierungstemperatur gebracht. In Bild 2 ist der Aufbau einer derartigen Patentieranlage schematisch dargestellt [6]. Bei Muffelöfen erfolgt der Wärmeübergang fast ausschließlich durch Strahlung, bei offenen Herdöfen dagegen überwiegend durch Konvektion. Hierbei ist die Aufheizzeit von Drahtdurchmesser und der Differenz zwischen Ofen- und gewünschter Drahtendtemperatur abhängig. Ein hohes Wärmegefälle wirkt sich jedoch auf die Stärke der Verzunderung und die Randentkohlung nachteilig aus, Durchlaufzeit und mittlere Erhitzungsgeschwindigkeit im Ofen sind daher kaum zu beeinflussen.

Die elektrische Widerstandserhitzung des Drahtes gewährleistet dagegen sowohl hohe Aufheizgeschwindigkeiten als auch hohe Durchsätze bei besserer Energienutzung. Neben niedrigen Investitionskosten bieten Widerstandspatentieranlagen eine Reihe verfahrenstechnischer Vorteile:

1. Geringer Platzbedarf.
2. Bei geeigneter Bauweise läßt sich die Länge der Erhitzungsstrecke leicht variieren.
3. Die Austenitisierungstemperatur ist durch Veränderung der Stromspannung schnell zu beeinflussen.
4. Wird das Abschreckbad als zweiter elektrischer Kontakt benutzt, so ist gewährleistet, daß der Draht an der Einlaufstelle seine höchste Temperatur erreicht.
5. Hohe Aufheiz- und Durchlaufgeschwindigkeiten bewirken geringe Verzunderung und Randentkohlung.
6. Bei entsprechender Auslegung der elektrischen Aggregate ist eine Änderung des Drahtdurchmessers ohne Umbau der Anlage möglich. Dies stellt neben einer geringen Störanfälligkeit einen erheblichen Vorteil gegenüber Anlagen mit induktiver Erhitzung dar.
7. Die Erhitzung in inerter Atmosphäre ist konstruktiv leicht zu verwirklichen.

Erste Hinweise auf die betriebliche Anwendung der elektrischen Widerstandspatentierung bei Stahldrähten werden in der Literatur in den Jahren 1936 und 1937 von O. C. Trautmann [7 + 8] gegeben. K. Zankel [9] berichtet 1950 über Betriebserfahrungen mit einer Anlage, die bereits im Jahre 1930 in Österreich bei den Eisenwerken Penng in Thörl errichtet wurde. Bild 3 gibt schematisch den Aufbau dieser Anlage wieder, bei der der Strom über Kontaktrollen zugeführt wird. Der Einfluß der Erhitzungsart auf die Eigenschaften bleipatentierter Drähte wurde von E. Jaenichen, K. Schlegel, F. Greis, H. Krautmacher und W. Püngel [10] ermittelt. Verglichen wurden Drähte, die unterschiedlich, entweder durch elektrische Widerstandserhitzung oder durch Erhitzen im gasbeheizten Durchlaufofen auf Austenitisierungstemperatur gebracht und anschließend bleipatentiert wurden. Unter geeigneten Patentierbedingungen erhält man nach beiden Verfahren Drähte mit gleichwertigen technologischen Eigenschaften. Die Verfasser benutzten für die Widerstands-Patentierversuche eine von F. Greis entwickelte sechsadrige Zweibadanlage, bei der für jeden Draht ein eigenes, verschiebbares erstes Kontaktbad (Blei) vorhanden war. Das Schema der Anlage zeigt Bild 4.

J. E. Kontorowitsch, D. A. Wulf und A. G. Sekej [11] beschrieben eine Versuchsanlage, deren Aufbau in Bild 5 skizziert ist. Tritt bei Schleifkontakten oder Kontaktrollen häufig Funkenbildung auf, so wird diese hier durch Eintauchen der Kontaktrolle in ein Laugenbad unterdrückt. Anstelle eines Bleibades wird von den Verfassern eine Natriumnitratschmelze verwendet. Der Draht wird in der Erhitzungsstrecke durch eine feuerfest ausgekleidete Muffel geführt, die ein oxidationsfreies Glühen unter Schutzgasatmosphäre gestattet. Die Untersuchungen ergaben, daß die mechanischen Eigenschaften der patentierten Drähte trotz der Feinkörnigkeit des Sorbitgefüges zufriedenstellend waren. Die Autoren sind der Ansicht, daß die bisherigen Vorstellungen über die Rolle der Grobkörnigkeit beim Patentieren einer Überprüfung bedürfen. Die Metallverluste durch Verzunderung sanken, und die erforderliche Beizzeit konnte gegenüber herkömmlich patentierten Drähten wesentlich verkürzt werden.

Umfangreiche Untersuchungen über den Einfluß einer Widerstandserhitzung beim Patentieren von Stahldraht wurden von L. A. Krasilnikov und A. G. Lysenko [12] durchgeführt. Die Verfasser benutzten für ihre Versuche eine Patentieranlage, die schematisch in Bild 6 dargestellt ist. Die Widerstandserhitzung mit Erhitzungsgeschwindigkeiten bis zu 1100 °C/s auf Temperaturen zwischen 930 und 1000 °C gewährleistet eine vollständige Auflösung des Zementits und eine ausreichende Homogenität des Austenits. Mit steigender Erhitzungsgeschwindigkeit wird die Dauer der isothermen Austenitumwandlung im Bereich der gefahrenen Patentiertemperaturen (520 - 540 °C) bis zu 40 % verkürzt. Eine Austenitisierungstemperatur von 1000 °C gewährleistet bei Erhitzungsgeschwindigkeiten bis 1100 °C/s eine ausreichend hohe Plastizität des Materials beim anschließenden Ziehen. So ergaben elektronenmikroskopische Untersuchungen, daß sich bei erhöhter Erhitzungsgeschwindigkeit sowohl die Korngröße als auch die Zementitlamellen im Sorbit verfeinern. Die Verfasser führen die erhöhte Plastizität beim Ziehen widerstandspatentierter Drähte auf diese Beobachtungen zurück.

W. Kuster [13] beschreibt den Aufbau einer zehnadrigen Widerstandspatentieranlage. Die mit dieser Anlage erreichten technologischen Werte der patentierten Drähte stimmen gut mit aus der Literatur bekannten Ergebnissen überein. Über die hohe Gleichmäßigkeit und gute Weiterverarbeitbarkeit widerstandspatentierter Drähte berichten ebenfalls G. Thieme [14] und G. Zouhar [15]. Elektrische Schaltungen, die auch noch bei hohen Spannungen ein gefahrloses Arbeiten ermöglichen, sind von O. C. Trautmann [16] und der Firma Trauwood [17] entwickelt worden.

2.12 Patentierparameter

In Zusammenhang mit der Herstellung von Drahterzeugnissen nimmt die Ermittlung optimaler Patentierungsbedingungen einen breiten Raum ein. A. Pomp [3] gibt Hinweise auf alle Einflüsse beim Patentieren von Stahldraht, insbesondere auf die Austenitisierungs- und Umwandlungstemperatur sowie die Durchführungsbedingungen. Von V. P. Ivanov, N. E. Skorochodov und Ju. A. Kasin [18] wurde ein Nomogramm zur Berechnung der Austenitisierungs- und Patentierbadtemperatur in Abhängigkeit vom Durchmesser und Kohlenstoffgehalt des zu patentierenden Drahtes aufgestellt. Bild 7 stellt eine maßstabgetreue Wiedergabe dieses Nomogrammes dar. Bei der Bestimmung der Patentierparameter werden Abweichungen in den Gehalten anderer Legierungselemente durch entsprechende Korrektur des Kohlenstoffgehaltes berücksichtigt. Bei Mangangehalten über 0,5 % wurden jeweils 0,03 % Mn 0,01 % C gleichgesetzt. Die erforderliche Haltezeit im Patentierbad kann nach Angaben von W. Mallach [19] sowie W. Lueg und A. Pomp [20] ermittelt werden.

Hinsichtlich des Widerstandspatentierens finden sich in der Literatur nur wenige Hinweise auf die zweckmäßigsten Arbeitsbedingungen, um ein für das Ziehen geeignetes Gefüge zu erhalten. W. Eilender und R. Mintrop [21] untersuchten den Einfluß der Erhitzungsgeschwindigkeit auf die Perlit-Austenit-Umwandlung bei einem Stahl mit 0,54 % Kohlenstoff. Hierbei wurden - wie aus Bild 8 ersichtlich - Erwärmungsgeschwindigkeiten von 125 bis 3000 °C/s verwirklicht. Mit steigender Erhitzungsgeschwindigkeit wird die Perlit-Austenit-Umwandlung zu höheren Temperaturen hin verschoben. Diese Erkenntnis wird von U. Kentner [22] bei einem Vergleich der Austenitisierungstemperaturen zwischen Widerstands- und Ofenerhitzung berücksichtigt. Wie aus Bild 9 ersichtlich, wird mit steigendem Kohlenstoffgehalt die Austenitisierungstemperatur beim Widerstandspatentieren zu höheren Werten hin verschoben.

Die Austenit-Sorbit-Umwandlung ist nach B. M. Armstrong [23] vom Abkühlungsverlauf abhängig, der durch die Wärmeleitfähigkeit des Drahtes, die Art und Dicke der Zunderschicht, die Temperaturdifferenz zwischen Draht und Abkühlmedium und dem Wärmeübertragungskoeffizienten in der Grenzschicht zwischen Stahl und Abkühlmedium bestimmt ist.

Die chemische Zusammensetzung des Drahtes, die Austenitisierungsbedingungen und der anschließende Abkühlungsverlauf bestimmen die mechanischen Eigenschaften des patentierten Drahtes. Nach E. Jaenichen und Mitarbeitern [10] können gleichwertige mechanische Eigenschaften sowohl bei widerstands- als auch bei ofenpatentierten Drähten bei Wahl entsprechender Patentierbedingungen erzielt werden.

2.2 Arten der thermomechanischen Behandlung

Neben einer Verbesserung der mechanischen Eigenschaften durch eine reine Wärmebehandlung besteht eine weitere Möglichkeit in einer Kombination von Wärmebehandlung und Umformung (thermomechanische Behandlung), um die Stahlqualität noch weiter zu verbessern. Im folgenden werden anhand schematischer Darstellungen Arten von thermomechanischen Behandlungen beschrieben. Gleichzeitig soll ein kurzer Überblick über den Stand der Forschung gegeben werden, wobei auf eine detaillierte Darstellung der mit legierten Stählen erhaltenen Versuchsergebnisse verzichtet wird. Hierbei werden vor allem Arbeiten zitiert, in denen der derzeitige Wissensstand auf dem Gebiet der thermomechanischen Behandlung beschrieben ist, so daß dem Leser die Möglichkeit geboten wird, sich anhand der umfangreichen Sekundärliteratur umfassend zu informieren. Über die Arbeiten, die sich mit der thermomechanischen Behandlung unlegierter Stähle auf kontinuierlich arbeitenden Anlagen beschäftigen, wird in Kapitel 2.21 entsprechend der Aufgabenstellung näher eingegangen.

Schematische Darstellungen anhand von ZTU-Schaubildern gebräuchlicher Temperatur-Umform-Zyklen sind nahezu in allen Arbeiten über das Austenitformhärten enthalten. Bild 10 zeigt die Darstellung einer H.T.M.T.-Behandlung (High-temperature-thermo-mechanical-treatment). Hier wird bereits im stabilen Austenitgebiet kurz oberhalb oder um A_{c3} umgeformt und anschließend rasch abgekühlt. Meist schließt sich an eine H.T.M.T.-Behandlung ein Anlaßvorgang an.

L.T.M.T.-Behandlungen zeigen die Bilder 11 bis 14. Im ZTU-Schaubild verläuft dieser Temperatur-Umwandlungs-Zyklus wie in Bild 11 schematisch dargestellt. Nach der Austenitisierung auf Temperatur oberhalb A_{c3} wird auf eine mittlere Temperatur zwischen A_1 und M_s abgeschreckt und isotherm umgeformt. Anschließend wird kontinuierlich so schnell abgekühlt, daß sich Martensit bildet. Ein derartiges Gefüge wird häufig anschließend angelassen. P. R. V. Evans und H. O'Neill [24] bezeichnen eine derartige Behandlung, wenn die Umformung durch Walzen vorgenommen wird, als "austenrolling-process".

Bei der in Bild 12 dargestellten Fahrweise wird im Gegensatz zu der bereits beschriebenen der Werkstoff nach der Verformung isotherm gehalten bis die Umwandlung beendet ist. Ein derartiges Vorgehen wird von Evans und O'Neill als "ausroltempering-process" bezeichnet. Ein Anlassen des Werkstoffes ist hierbei nicht erforderlich.

Das in Bild 13 dargestellte Verfahren ist allgemein als "isoforming" bekannt. Nach der Austenitisierung wird auf eine mittlere Temperatur zwischen A_1 und M_s abgekühlt und anschließend sowohl im Bereich des metastabilen Austenits als auch bis zur vollständigen Umwandlung des Gefüges und teilweise darüber hinaus umgeformt. Danach wird kontinuierlich abgekühlt.

Ein Verfahren, wie es Bild 14 zeigt, läuft ähnlich dem in Bild 12 dargestellten ab. Ein derartiges Vorgehen läßt sich jedoch nur bei höher legierten Stählen durchführen, bei denen ein stabiles Austenitgebiet zwischen Perlit- und Zwischenstufe auftritt. Versuche an derartigen Stählen wurden von K. Detert und Ch. Schmidt-Krayer [25] durchgeführt, die den infragekommenden Umformungsbereich entsprechend Bild 15 angeben.

Stähle, bei denen durch Zulegieren der Umwandlungsbeginn zu längeren Zeiten hin verschoben wird, eignen sich aus folgenden Gründen besonders für eine thermomechanische Behandlung:

1. Die Länge der Inkubationszeit gestattet größere Probenabmessungen, da hier bei isothermem Halten ohne Umwandlung ein Temperaturausgleich zwischen Rand und Kern stattfinden kann.

2. Zum Umformen können wegen der zur Verfügung stehenden Zeit Umformaggregate herkömmlicher Bauart benutzt werden.

Aus den genannten Gründen befaßt sich die Mehrzahl aller Veröffentlichungen mit dem Austenitformhärten derart legierter Stähle.

Die Entwicklung einer Beeinflussung der mechanischen Eigenschaften durch thermomechanische Behandlung geht auf E. M. H. Lips und H. van Zuilen [26] zurück, die Walzversuche an einem Band aus niedrig legiertem Baustahl durchführten. Gegenüber konventionell gehärtetem Material konnten die Bruchgrenze, die Zugfestigkeit, die Dehnung und die Einschnürung wesentlich gesteigert werden. Diese Verbesserung der Eigenschaften führte zu einer Vielzahl von Untersuchungen und Veröffentlichungen über das Walzen im Bereich des metastabilen Austenits [25, 27 - 40]. Der Einfluß einiger Legierungselemente auf die Festigkeitssteigerung von Stählen durch Austenitformhärten wurde von J. Möller [41] untersucht (103 Quellenangaben). Als weiteres Verfahren für eine thermomechanische Behandlung bietet sich beim Vergüten aus der Schmiedewärme eine Verbindung zwischen Wärmebehandlung und Umformvorgang an [42, 43].

J. N. Kidin und Mitarbeiter [44] und J. A. Juchvez und M. N. Petrov [45] untersuchten den Einfluß einer thermomechanischen Behandlung auf die mechanischen Eigenschaften höher legierter Stahldrähte. D. Gulotti und Mitarbeiter [46] führten ebenfalls Versuche zum Austenitformhärten von Draht durch. Die Verfasser fanden, daß geeignete Schmiermittel zum Drahtziehen bei höheren Temperaturen bisher fehlten, so daß das Ziehen als Umformverfahren bisher nur im geringen Umfange angewandt wurde.

Von H. Iwata [47] wurde bereits die chemische Zusammensetzung eines Federstahles auf Silicium-Chrom-Basis so abgeändert, daß er sich für das Austenitformhärten eignet. Drähte aus diesem Stahl wurden austenitisiert, dann auf etwa 500 °C im Bleibad abgekühlt und anschließend mittels Ziehen durch Düsen bis zu einer Gesamtverformung von 50 % umgeformt. Nach Abkühlung in Öl wurden die Drähte unter verschiedenen Bedingungen angelassen. Dieser Stahl kann unter Verzicht auf die teueren Legierungselemente Nickel und Molybdän ohne Schwierigkeiten austenitformgehärtet werden. Der thermomechanisch behandelte Draht besitzt eine hohe Festigkeit bei guter Dehnung, eine ausgezeichnete Verdrehwechselfestigkeit, sowie eine hohe Verdrehdauerstandfestigkeit bei erhöhter Temperatur. Die Veröffentlichung zeigt, daß bereits die chemische Zusammensetzung eines Stahles abgeändert worden ist, damit er sich für das Austenitformhärten eignet.

Neben Versuchen mit Umformapparaturen herkömmlicher Bauart wurden ebenfalls Zugversuche mit gesteuerter Wärmebehandlung der Proben zur Nachahmung einer thermomechanischen Behandlung durchgeführt. So befaßten sich J. L. Castagne und Mitarbeiter [48] vor allem mit den Vorgängen, die während einer solchen Behandlung ablaufen, um eine Erklärung für die auftretenden Änderungen der mechanischen Eigenschaften zu geben. R. Cozar und Mitarbeiter [49] beschäftigten sich ebenfalls mit der Deutung der Eigenschaftsänderungen, wobei sie an den verformten Proben elektronenmikroskopische Untersuchungen der Gefüge und der Bruchflächen durchführten.

E. Schmidtmann und H. Hlawiczka [50, 51] führten Versuche mit Hilfe der Gleeble-Apparatur durch, die es erlaubt, vorgegebene Temperatur-, Zeit- und Umformungsabläufe im Zugversuch nachzuahmen. Die Versuche wurden hierbei unter Vakuum durchgeführt, wobei die Abkühlung ebenfalls unter Vakuum, an ruhender Luft oder mittels gasförmiger Ablöschmittel erfolgte. Den Verfassern war es möglich, sowohl Gefügeänderungen in Mikrobereichen, als auch sichtbare Gestaltsänderungen der Zugprobe durch gleichzeitige Ermittlung elektrischer und magnetischer Leitfähigkeitsänderungen zu erfassen.

Die Vielzahl der auf dem Gebiet der thermomechanischen Stahlbehandlung durchgeführten Untersuchungen führte zu einer Reihe von Veröffentlichungen, in denen der Versuch unternommen wurde, den letzten Stand der Technik zusammenzufassen. Verwiesen sei hier auf die Arbeiten von W. Form [52], V. S. Ivanova und L. K. Gordienko [53], T. J. Koppenaal [54], D. P. Hague [55, 56], L. Delaey [57] und die Bibliographie Nr. 495 des Vereins Deutscher Eisenhüttenleute [58].

Nach W. Lehnert [59] müssen zum Erreichen besserer mechanischer Eigenschaften bestimmte, auf den jeweiligen Werkstoff bezogene Prozeßparameter streng eingehalten werden. Die Vielzahl möglicher Einflußgrößen, deren Auswirkungen auf die Werkstoffkennwerte teilweise noch nicht bekannt sind, führen bei der technisch schwierig zu beherrschenden Behandlungsart des Austenitformhärtens oft zu abweichenden Ergebnissen.

Neben der Durchführung von Versuchen hat sich eine Reihe von Forschern [59 - 64] mit den Ursachen der Eigenschaftsverbesserungen durch thermomechanische Behandlung auseinandergesetzt. W. Lehnert [59] stellt in einer Arbeit über die wichtigsten Einflußgrößen und ihre Auswirkungen auf die Änderungen der Werkstoffkennwerte die aus der Literatur bekannten Deutungen wie folgt zusammen:

Durch eine thermomechanische Behandlung werden

1. die Korngröße des stabilen und metastabilen Austenits durch Verformung stark verringert;
2. die Kaltverfestigung des Austenits auf den Martensit übertragen;
3. anisotrope Eigenschaften durch Ausbildung einer gewissen Verformungstextur erzeugt;
4. feindisperse Karbide teilweise an den Gleitlinien des Austenits ausgeschieden;
5. die Anzahl der Gitterstörstellen und damit auch der Versetzungen erhöht;
6. Stapelfehler und Substrukturen gebildet.

Nach H. Hlawiczka [65] ist bis heute keine widerspruchsfreie Klärung der beim Austenitformhärten ablaufenden Verfestigungsmechanismen erfolgt.

Bisher hat sich die thermomechanische Behandlung von Stählen nur in wenigen Anwendungsbereichen durchsetzen können, wofür der erhöhte Kraftbedarf, eine genaue Temperaturführung bei der Umformung, die erforderlichen hohen Inkubationszeiten des metastabilen Austenits sowie der Abfall der Festigkeit im Bereich von Schweißnähten bei komplizierten, austenitformgehärteten Bauteilen verantwortlich sind.

2.21 Kontinuierlich arbeitende Anlagen zum Austenitformhärten von unlegierten Stahldrähten

Da bei gezogenem Stahldraht der Querschnitt nach oben hin begrenzt ist, liegt der zu erwartende Kraftbedarf in Bereichen, die eine Umformung auf Anlagen herkömmlicher Bauart gestatten. Ein weiterer Vorteil, der für eine thermomechanische Behandlung von Stahldraht spricht, ist die bei genauer Temperaturführung durchgeführte Wärmebehandlung auf normalerweise kontinuierlich arbeitenden Patentieranlagen. Die durch thermomechanische Behandlung niedrig- und höher legierter Stahldrähte - lange Inkubationszeit des metastabilen Austenits - erzielten Verbesserungen der mechanischen Eigenschaften waren Anlaß, ebenfalls eine derartige Behandlung bei unlegierten Drähten - kurze Inkubationszeit des metastabilen Austenits - zu versuchen. Erfolgreiche Versuche könnten den billigen, unlegierten Stählen Einsatzgebiete erschließen, die heute noch niedrig- oder höher legierten Stählen vorbehalten sind. Eine Anlage, die eine thermomechanische Behandlung unlegierter Stähle gestattet, ist stets auch für niedrig- oder höher legierte Stähle geeignet.

B. M. Armstrong [66] untersuchte erstmalig auf einer kontinuierlich arbeitenden Versuchsanlage der BISRA (British Iron and Steel Research Association) den Einfluß einer Austenitformhärtung an Runddraht mit 1,42 mm Durchmesser aus zwei unlegierten Stählen folgender Zusammensetzung:

Stahl A: 0,42 % C; 0,18 % Si; 0,70 % Mn; 0,06 % Cr
Stahl B: 0,82 % C; 0,42 % Si; 0,51 % Mn; 0,09 % Cr

Wie aus Bild 16 ersichtlich, das den Aufbau dieser Versuchsanlage schematisch zeigt, wird der Draht in ein Vorwärmbad von 400 °C eingeleitet, anschließend über Umlenkrollen unter Stickstoff durch direkte elektrische Widerstandserhitzung auf eine Austenitisierungstemperatur von 950 °C gebracht und dann in einem zweiten Bleibad auf Verformungstemperatur abgeschreckt. Verformt wird bereits 0,3 Sekunden nach Eintritt des Drahtes in das Bleibad durch eine im Bad befindliche Ziehdüse. Anschließend wird der Draht im Bleibad isotherm umgewandelt. Vor Einlauf in das Vorwärmbad wird auf den Draht eine Aufschlämmung von halbkolloidalem Graphit in Wasser als Schmiermittel aufgebracht. Die Ziehkraft wird über eine konische Ziehscheibe (slip-drawing) auf den Draht übertragen. Nach Aussage des Verfassers konnten Querschnittsabnahmen bis zu 30 % ohne Abreißen des Drahtes verwirklicht werden.

Die größte Steigerung der Zugfestigkeit betrug bis zu 10 % für den Stahldraht mit 0,82 % C und bis zu 25 % für den Stahldraht mit 0,42 % C gegenüber unter gleichen Bedingungen lediglich patentierten Drähten. In Bild 17 sind Ergebnisse der von B. M. Armstrong [66] durchgeführten Versuche dargestellt. Das Bild zeigt den Einfluß der Querschnittsabnahme beim Austenitformhärten auf die Festigkeitswerte von Stahldrähten, die bei 540 °C bzw. 450 °C im Bleibad gezogen und umgewandelt wurden. Eine Erhöhung der Zugfestigkeit und der Streckgrenze, als 0,2 % Dehngrenze des behandelten Drahtes bei Raumtemperatur ermittelt, wird durch Umformen des metastabilen Austenits erreicht. Anschließende Kaltziehversuche ergaben an austenitformgehärteten Drähten mit 0,82 % C eine Festigkeitssteigerung von 154,8 bis 230,9 N/mm^2 und bei Drähten mit 0,42 % C eine Steigerung von 464 bis 618 N/mm^2 gegenüber konventionell patentierten und dann gezogenen Drähten.

Zur Deutung der Festigkeitssteigerung wurden die Gefüge licht- und elektronenmikroskopisch untersucht. Austenitformgehärtete Drähte unterscheiden sich von konventionell patentierten Drähten wie folgt:

1. Durch das Austenitformhärten sind die Perlitlamellen bei gleichzeitig homogenerer Verteilung der Karbidteilchen aufgelockert.
2. Die Flächen freien Ferrits sind ebenfalls aufgelockert, wobei sich der Ferrit gleichmäßiger verteilt.

Diese Gefügeverfeinerung nimmt mit steigender Querschnittsabnahme zu, bis bei 22,5 % Abnahme das Gefüge aus einer homogenen Dispersion von Zementit in Ferrit besteht. Nach Ansicht des Verfassers ist die Neuverteilung und geänderte Form des Karbides für die Festigkeitssteigerung durch Austenitformhärten verantwortlich.

Weiterhin wurde festgestellt, daß die durch thermomechanische Behandlung erzielte Erhöhung der Festigkeit bei einer nachfolgenden Kaltformgebung erhalten bleibt. Ein Unterschied in den Zähigkeitseigenschaften - ermittelt durch Verwindeversuche - trat nicht auf.

A. Robonyi und L. Tömpe [67] berichten in einer 1966 erschienenen Veröffentlichung über Untersuchungsergebnisse an austenitformgehärteten, unlegierten Kohlenstoffstählen. Bild 18 verdeutlicht als schematische Skizze den Verfahrensablauf in der von den Verfassern benutzten kontinuierlich arbeitenden Anlage. Der Draht wird vom Ablaufhaspel in ein Vorwärmbleibad geführt, das zugleich als erster Kontakt für die mit Gleichstrom arbeitende Widerstandserhitzungsanlage diente. Von dort aus läuft der Draht über eine Umlenkrolle in ein zweites Bleibad, das als zweiter Kontakt geschaltet ist. Die Temperatur dieses Bades beträgt 520 °C. Anschließend wird der Draht zu einem Vertikalauflaufhaspel geführt. Die Verformung des Drahtes wird ohne Umformwerkzeug zwischen angetriebener Umlenkrolle und angetriebenem Auflaufhaspel im Bereich der Gleichmaßdehnung aufgebracht.

Wie aus der schematischen Skizze (Bild 18) ersichtlich, steigt die Temperatur des Drahtes nach Angabe der Verfasser im zweiten Bleibad, das eine Temperatur von 520 °C besitzt, bei der Widerstandserhitzung bis auf 940 °C an.

Mit dieser Anlage wurden Stähle mit 0,42 % C und 0,77 % C untersucht. Dabei betrug die maximal verwirklichte Querschnittsabnahme des ersten Stahles 17 % und die des zweiten Stahles 22 %. Hierbei stiegen die Einschnürwerte des Drahtes mit 0,42 % C bei 17 % Abnahme von 64 auf 75 % an. Das Austenitformhärten des Drahtes mit 0,77 % C brachte keine wesentlichen Verbesserungen der Einschnürwerte. Die Verfasser führen dies darauf zurück, daß die Inkubationszeit bereits vor der Umformung wesentlich überschritten wurde. Die Änderung der Zugfestigkeit in Abhängigkeit von der Querschnittsabnahme zeigt Bild 19.

A. Robonyi und L. Tömpe [67] schlagen eine weitere, verbesserte Anlage zur Austenitformhärtung von Stahldraht vor, die in Bild 20 schematisch dargestellt wird. Die Ähnlichkeit im Arbeitsablauf mit der von B. M. Armstrong [66] benutzten Anlage (Bild 16) ist offensichtlich. Verformt wird hier nicht mehr allein durch die Zugkraft des Auflaufhaspels, sondern mit Hilfe einer Ziehdüse. Hierbei ist ebenfalls die Widerstandserhitzungsstrecke zur Vermeidung von Zunderbildung von einem Gehäuse umgeben, in das Schutzgas eingeleitet werden kann.

Über die Temperaturmessung des Drahtes wurden bei A. Robonyi und L. Tömpe [67] keine Angaben gemacht. B. M. Armstrong [66] bestimmte die Temperatur durch optischen Vergleich, wobei sich Draht und Vergleichsdraht unter Stickstoffatmosphäre befanden.

Weitere Versuche zur Ermittlung der mechanischen Eigenschaften austenitformgehärteter Drähte nach Umformung des metastabilen Austenits sind von J. Becker [68] durchgeführt worden. Das angewandte Verfahren wird vom Verfasser als "Austenitformpatentieren" bezeichnet.

Die benutzte Anlage gleicht der von B. M. Armstrong [66] verwendeten, wobei Vorwärmbad und Widerstandserhitzungsstrecke durch einen Topfglühofen ersetzt sind. Bild 21 zeigt ein Schema dieser Anlage. Ein Drahtbund wird unter Schutzgas auf Austenitisierungstemperatur gebracht und über Kopf abgeflyert. Nach der Umlenkung läuft der Draht noch in inerter Atmosphäre in ein elektrisch beheiztes Bleibad ein, wo er in zwei Zügen (Ziehdüsen) umgeformt, auf eine Speicherrolle geführt und anschließend mit Hilfe eines Drahtzuges aufgehaspelt wird. Die zwischen den beiden Ziehdüsen befindliche Ziehscheibe und die Speicherscheibe sind konisch geschliffen. Die Anlage läßt vier Geschwindigkeiten zwischen 20 und 150 m/min zu, wobei die Geschwindigkeit zwischen den beiden Ziehsteinen über eine Tänzerrolle geregelt wird, die auf die Gleichstromantriebe wirkt.

J. Becker [68] führte seine Untersuchungen an patentierten Drähten der Qualitäten D 45-2 und D 85-2 mit einem Ausgangsdurchmesser von 2,5 mm durch. Die Anordnung der Ziehdüsen im Bleibad läßt aufgrund der von H. Hlawiczka [65] gewonnenen Ergebnisse den Schluß zu, daß der Draht bereits vor der Umformung im zweiten Ziehstein eine Gefügeumwandlung erfahren hat, so daß der Verfahrensablauf dem Isoforming-Prozeß entspricht. Hierfür sprechen sowohl die Verkürzung der Inkubationszeit des metastabilen Austenits durch eine Umformung als auch die zwischen erster und zweiter Düse gespeicherte Drahtlänge, über die in der Arbeit nur indirekte Angaben vorhanden sind. Die Änderung der mechanischen Eigenschaften wie Zugfestigkeit und

Streckgrenze derart behandelter Drähte in Prozent sowie die in den einzelnen Düsen verwirklichten Abnahmen sind in der Arbeit zur Konstruktion einer Ausgleichsebene in dreidimensionalen Schaubildern herangezogen worden.

Bild 22 und Bild 23 zeigen die von J. Becker [68] aufgestellten Schaubilder für die Zugfestigkeitserhöhung eines austenitformpatentierten Stahldrahtes der Güte D 45-2 (Bild 22) und D 85-2 (Bild 23). Eine Umrechnung dieser Ergebnisse auf absolute Zugfestigkeitswerte entlang einer Diagonalen durch die Ausgleichsebene - beide Ziehdüsen sind an der Gesamtumformung mit jeweils gleichen Anteilen beteiligt - ergibt qualitativ einen ähnlichen Verlauf der Zugfestigkeitskurve in Abhängigkeit von der Querschnittsabnahme wie die von B. M. Armstrong [66] (Bild 17 links) bzw. A. Robonyi und L. Tömpe [67] (Bild 19) für einen Stahldraht mit ca. 0,4 % C gefundenen Ergebnisse.

Die aus Veröffentlichungen [66 - 68] bekannt gewordenen, kontinuierlich arbeitenden Anlagen zur thermomechanischen Behandlung unlegierter Stahldrähte weisen hinsichtlich der Umformung folgende Nachteile auf:

1. Der Draht wird entweder unter völligem Formzwang (Drahtziehen) oder im Bereich der Gleichmaßdehnung ohne Werkzeug verformt. Da die hierzu notwendige Kraft über den reduzierten Querschnitt eingeleitet werden muß, ist die Höhe der in einem Umformschritt zu verwirklichenden Querschnittsabnahme auf ca. 22 % begrenzt.

2. Der Verschleiß der Umformwerkzeuge ist in der Regel so hoch, daß keine größeren Versuchsmengen mit gleichbleibender Querschnittsabnahme durchgesetzt werden können.

3. Eine durch die eingesetzten Ziehdüsen einmal vorgegebene Querschnittsabnahme kann während des Versuchs weder verändert noch bei Verschleiß korrigiert werden. Es sind somit für eine Versuchsreihe über den Einfluß der Querschnittsabnahme auf die mechanischen Eigenschaften eine Vielzahl von Einzelversuchen erforderlich.

4. Eine Erhöhung der Gesamtquerschnittsabnahme durch Hintereinanderschalten von Ziehdüsen ist verfahrenstechnisch nur durch Einfügen einer Ziehscheibe zwischen jeweils zwei Düsen möglich, so daß bei unlegierten Stählen bereits vor Beginn der zweiten Umformstufe eine Gefügeumwandlung beginnt.

5. Durch eine vorgegebene Geschwindigkeitsabstufung ist in der Regel das Verhältnis der Einzelquerschnittsabnahmen vorgegeben. Einsetzender Verschleiß der Düsen führt meist zu einem Abreißen des Drahtes, sofern die Drehzahlreihe nicht entsprechend der sich ändernden Drahtverlängerung korrigiert werden kann.

Wie aus der Literatur ersichtlich, lassen sich die mechanischen Eigenschaften durch eine thermomechanische Behandlung auch bei unlegierten Stählen verbessern. Durch die hiermit verbundene Erweiterung ihres Einsatzgebietes, das zur Zeit noch teureren Werkstoffen vorbehalten ist, erscheint eine Untersuchung durchaus lohnend. Unter Berücksichtigung der an bereits vorhandenen Anlagen gewonnenen Erfahrungen sollte im Rahmen dieser Arbeit eine Versuchsanlage entwickelt und erstellt werden, die Hinweise für eine industrielle Fertigung geben kann.

3 Planung, Entwurf und Bau einer Anlage zum Austenitformhärten

3.1 Planung

Eine Anlage, die eine thermomechanische Behandlung im Bereich des metastabilen Austenits bei unlegierten Stählen durchzuführen gestattet, ist ebenfalls immer für eine thermomechanische Behandlung niedrig- oder höher legierter Stähle geeignet. Für die bei der Planung angestellten Betrachtungen wurde von einer kurzen Inkubationszeit des metastabilen Austenits ausgegangen. Die Kürze dieser für eine Abkühlung und Umformung zur Verfügung stehenden Zeit erfordert, daß der Werkstoff bei Einlauf in das Abschreckbad seine höchste Temperatur erreicht. Bei der Auswahl des Abschreckmediums muß berücksichtigt werden, daß Abschreck- und Umformvorgang vor Einsetzen einer Gefügeumwandlung abgeschlossen sein müssen.

Zur Bestimmung der mechanischen Eigenschaften in Abhängigkeit von der Querschnittsabnahme soll bei einer kontinuierlich arbeitenden Anlage der Umformgrad möglichst während eines Versuches stufenlos einstellbar sein. Weiterhin sollen gegenüber bestehenden Anlagen höhere Umformungen durchgeführt werden können. Diese Forderung läßt sich nur durch die Wahl eines Umformverfahrens mit unmittelbarer Druckwirkung verwirklichen. Derartige Verfahren können außerdem ohne Schmierung des Werkstückes durchgeführt werden.

3.2 Entwurf

Grundsätzlich sind für eine kontinuierlich arbeitende Anlage zum Austenitformhärten folgende Teile erforderlich:

1. Erhitzungsstrecke,
2. Abkühl- und Umwandlungsstrecke,
3. Ablauf- und Aufwickelvorrichtung und
4. Umformapparatur.

Beim Entwurf sind die in Kapitel 3.1 aufgestellten Forderungen zu beachten. Dies führt hinsichtlich der konstruktiven Ausbildung der einzelnen Anlagenteile zu folgendem Ergebnis:

1. Bei Verwendung einer Widerstandserhitzung erreicht der Draht am Einlauf in das Abschreckmedium seine höchste Temperatur, sofern dieses elektrisch leitend und als zweiter Kontakt geschaltet ist.
2. Genügend hohe Abkühlgeschwindigkeiten sind nur in Metallschmelzen zu erreichen, die außerdem eine gute elektrische Leitfähigkeit besitzen. Als Me-

tall mit niedrigem Schmelzpunkt wird aus Kostengründen bei Patentieranlagen üblicherweise Blei verwendet.

3. Als kontinuierlich durchführbarer Umformprozeß mit unmittelbarer Druckwirkung bietet sich das Walzverfahren an.

3.21 Erhitzungsstrecke

Grundsätzlich hängt bei einer Durchlaufwiderstandserhitzung die benötigte Transformatorleistung von folgenden Faktoren ab:

1. von der stromdurchflossenen Querschnittsfläche des Werkstückes,
2. von der Durchzugsgeschwindigkeit,
3. von der Länge der Erhitzungsstrecke,
4. von der gewünschten Austenitisierungstemperatur und
5. vom elektrischen Widerstand des Werkstoffes.

Nach H. Iwata [69] sind beim Austenitformhärten von Drähten mit einem Durchmesser über 1,0 mm Schwierigkeiten zu erwarten, da sich Rand- und Kernzone im Bleibad unterschiedlich abkühlen. Als Folge tritt ein uneinheitliches Gefüge auf, so daß die erwünschten Festigkeits- und Zähigkeitseigenschaften nicht erreicht werden können. Es war daher naheliegend, die Querschnittsfläche des Drahtes zunächst auf 0,786 mm^2 - entsprechend 1,0 mm Durchmesser - festzulegen.

Daraufhin wurden Vorversuche durchgeführt, die Aufschluß über den Abkühlvorgang bei einem Draht mit ca. 1 mm Durchmesser geben sollten. Hierzu wurde ein Mantelthermoelement mit entsprechendem Außendurchmesser auf ca. 1100 ^oC erhitzt und in einer Bleischmelze von 400 ^oC abgeschreckt. Für den Abkühlvorgang bis ca. 20 ^oC über Bleibadtemperatur wurden Zeiten zwischen 0,6 und 0,9 Sekunden ermittelt. Da für die angesprochenen unlegierten Qualitäten im Bereich der Zwischenstufe nur eine Gesamtinkubationszeit von ca. 2 Sekunden zur Verfügung steht, die durch eine Umformung noch verkürzt wird, muß der Abkühl- und Umformvorgang bereits nach ca. 1,5 Sekunden abgeschlossen sein. Dies kann erreicht werden, wenn Durchzugsgeschwindigkeiten von 1,0 m/s verwirklicht werden können. Trotzdem wurde eine eventuell notwendige Geschwindigkeit bis zu 2,0 m/s vorgesehen, damit auch bei geringeren Querschnitten, die sich entsprechend schneller auf Bleibadtemperatur abkühlen, gewährleistet ist, daß der Draht innerhalb der Inkubationszeit die Umformapparatur verlassen hat. Eine Verkürzung der Inkubationszeit infolge der Umformung muß durch eine Geschwindigkeitserhöhung ausgeglichen werden können, damit das Verfahren auf keinen Fall daran scheitert, weil nur eine nicht variierbare, zu niedrige Durchzugsgeschwindigkeit verwirklicht werden kann.

Die Länge der Erhitzungsstrecke, die ebenfalls die erforderliche Transformatorleistung beeinflußt, wurde zunächst zwischen einem und drei Metern angenommen, damit durch Veränderung der Erhitzungsstrecke und der Durchzugsgeschwindigkeit die Austenitisierungsdauer beeinflußt werden kann.

Die Austenitisierungstemperatur wird wegen der wesentlich größeren Erhitzungsgeschwindigkeit zu höheren Temperaturen hin verschoben, was durch zahlreiche Untersuchungen, unter anderem von W. Eilender und R. Mintrop [21] (Bild 8) und U. Kentner [22] (Bild 9), bestätigt wurde. Aus diesem Grunde wurde die Anlage so ausgelegt, daß Temperaturen bis mindestens 1200 ^{o}C erreicht werden können.

Ausgehend von den für eine Dimensionierung der Anlage festgelegten Werten (Drahtdurchmesser 1,0 mm; Durchzugsgeschwindigkeit zwischen 0,5 und 2,0 m/s) wurde anhand der von H. Geisel [70] und L. Wasinger [71] gemachten Angaben die notwendige Transformatorleistung in Abhängigkeit von der Erhitzungsstrekke und der Austenitisierungstemperatur bestimmt.

Genaue Angaben über die zu erwartenden Strahlungs- und Leistungsverluste fehlen. So gibt K. Zankel [9] hierfür einen Wert von 6 bis 8 % an, während G. Zouhar [15] die Verluste auf 20 % beziffert. Für die Berechnung wurde daher von 20 % Verlusten ausgegangen.

Die Änderung des elektrischen Widerstandes in Abhängigkeit von der Temperatur ist in Bild 24 für Stahl dargestellt, das einer Veröffentlichung von G. Thieme [14] entnommen wurde. Weiterhin wurden für die Dimensionierung die VDE-Vorschriften 0100 bzw. 0140 [72] herangezogen, die besagen, daß in trockenen Räumen ein Schutz unter Spannung stehender Teile gegen Berührung bis 64 Volt entbehrlich ist. Nach K. Kegel [73] gilt für Widerstandserhitzungsanlagen eine Sonderregelung, die Spannungen bis zu 500 Volt erlaubt, wenn:

1. ein Kontakt geerdet und der andere gegen Erde vollkommen isoliert ist, und wenn
2. Transformatoren mit galvanisch getrennten Wicklungen verwendet werden (keine Spar- oder Schweißtransformatoren).

Die erforderlichen Transformatorleistungen wurden berechnet, wobei Querschnitt (Runddraht und Schmalband), Durchzugsgeschwindigkeit, Länge der Erhitzungsstrecke sowie die Austenitisierungstemperatur variiert wurden. Hierbei ergaben sich Leistungen zwischen 2,3 kVA und 15,4 kVA. Daraufhin wurde aus dem Lieferangebot von Einphasentransformatoren mit galvanisch getrennten Wicklungen ein Transformator mit einer Leistung von 22 kVA ausgewählt, dessen Sekundärspannung zwischen 0 und 220 Volt stufenlos regelbar ist, und der bei jeder eingestellten Spannung den vollen Sekundärstrom von 100 Ampère abgeben kann.

Dieser Transformator bietet die Garantie, daß ein Draht von 1 mm Durchmesser selbst bei einer Austenitisierungstemperatur von 1200 ^{o}C und einer Erhitzungsstrecke bis max. 3,0 m so schnell erhitzt werden kann, daß Durchzugsgeschwindigkeiten bis zu 2,0 m/s möglich sind. Außerdem ist bei den unlegierten Qualitäten, die wegen der kurzen Inkubationszeit eine hohe Durchzugsgeschwindigkeit erfordern, eine Querschnittsveränderung bis zu 2,0 mm^2 - entsprechend einem Schmalband von 0,5 x 4 mm - möglich. Die niedrig legierten Stähle können sogar bei einer entsprechend niedrigen Durchzugsgeschwindigkeit, die wegen der längeren Inkubationszeit möglich ist, bis zu

Querschnitten von 4,0 mm^2 - entsprechend einem Schmalband 1 x 4 mm - erhitzt werden.

Der vorgeschlagene Transformator läßt für einen Draht von 1 mm Durchmesser alle angesprochenen Variationsmöglichkeiten bezüglich der Durchzugsgeschwindigkeit, Austenitisierungstemperatur und Austenitisierungsstrecke zu. Bei Schmalbändern (0,5 x 4 mm bei unlegierten Qualitäten; 1 x 4 mm bei niedriglegierten Qualitäten) sind die Variationsmöglichkeiten etwas eingeengt, jedoch ist auch hierbei noch gewährleistet, daß alle vorgesehenen Versuche durchgeführt werden können. Dies ist möglich, da die konstruktive Ausbildung der Anlage eine Veränderung von Durchzugsgeschwindigkeit und Erhitzungsstrecke in weiten Bereichen zuläßt.

Bei der Gestaltung der Durchlauferhitzung wurden die in Kapitel 2.11 beschriebenen Erkenntnisse berücksichtigt. Grundsätzlich kann der elektrische Strom über ein elektrisch leitendes Bad oder einen Schleif- bzw. Rollenkontakt in das Werkstück eingeleitet werden. Die wirtschaftlichste Lösung ist ein Schleifkontakt, bei dem jedoch Funkenbildung auftreten kann. Über die Erfahrungen, die mit einem Rollen- bzw. Schleifkontakt gemacht wurden, wird eingehender in Kapitel 3.23 berichtet. Keine Schwierigkeiten treten dagegen beim zweiten elektrischen Kontakt auf, da hier der Strom über eine Metallschmelze eingeleitet wird. Bild 25 gibt die elektrische Schaltung der Widerstandserhitzungsanlage wieder.

3.22 Abkühl- und Umwandlungsstrecke

An die Widerstandserhitzungsstrecke schließt sich ein Bleibad als Abkühl- und Umwandlungsstrecke an. Die Bleischmelze befindet sich in einer Wanne aus hitzebeständigem Stahl (Werkstoff-Nr. 1.4828) mit folgenden Innenmaßen:

Länge:	4000 mm
Breite:	560 mm
Tiefe:	400 mm

Diese Abmessungen ergaben sich nach Dimensionierung der Umformapparatur und unter Berücksichtigung der für die Umwandlung erforderlichen Zeiten. Die Wanne ruht auf der Ofenausmauerung.

Für die Erwärmung des Bleibades wurde eine elektrische Beheizung ausgewählt, die wegen der örtlichen Gegebenheiten kostengünstiger erstellt werden konnte. Nach Berechnungen der Firma W. Körner [74], Hagen, sind für die Aufheizung des Bleibades mit den genannten Abmessungen auf Temperaturen bis zu 650 °C zwölf Heizwendeln mit einer Anschlußleistung von je 4,17 kW bei 99,4 Ampère und 42 Volt erforderlich. Jeweils vier Wendeln pro Phase sind in Dreiecksschaltung an einen Dreiphasentransformator mit einer Gesamtleistung von 50 kVA bei 380/42 Volt sekundärseitig angeschlossen. Bild 26 zeigt den elektrischen Anschluß der Bleibadbeheizung.

Die Innenausmauerung des Ofens besteht aus Profilsteinen, in denen die in Längsrichtung angeordneten Heizwendeln für die elektrische Beheizung des Bleibades liegen (Bild 27). Die Temperatur einer Heizwendel wird mit einem Thermoelement überwacht. Bild 28 zeigt die Lage dieses Thermoelementes, durch das eine Überhitzung der Heizwendeln vermieden wird. Die Solltemperatur des Bleibades wird an einem Temperaturregler eingestellt und mit Hilfe eines in die Bleischmelze eintauchenden Thermoelementes überwacht. Der Anschluß der installierten Meß- und Regelgeräte ist dem Stromlaufplan in Bild 29 zu entnehmen.

Um das nach oben hin offene Bleibad vor Temperaturverlusten zu schützen, ist es mit körniger Vermiculite - einem Dämmstoff aus der Bauindustrie auf Silikatbasis - abgedeckt. In das Bad tauchen von oben her in Abständen von ca. 650 mm in Höhen- und Längsrichtung verstellbare Niederhalter für den Draht ein, die an hochschwenkbaren Querträgern befestigt sind.

3.23 Ablauf- und Aufwickelvorrichtung

Um einen möglichst ruckfreien Ablauf des Drahtes zu gewährleisten, wurden kugelgelagerte Ablaufkronen konstruiert. Die Ablaufspannung wird mittels verstellbarer Bremsen vorgegeben. Die Abzugsgeschwindigkeit ist durch die Umfangsgeschwindigkeit der Rollen eines Treibers bestimmt. Bild 30 zeigt eine Vorder- und Seitenansicht dieses Treibers, der durch ein stufenlos verstellbares Reibradgetriebe angetrieben wird.

Ursprünglich war diese Abzugseinrichtung zusätzlich als erster elektrischer Kontakt der Widerstandserhitzungsanlage ausgebildet. Hierzu waren die V-förmig kalibrierten Walzringe aus Messing gegen die Kugellager durch Pertinaxscheiben isoliert. Der Strom wurde über Kohleschleifkontakte übertragen. Durch den für einen gleichmäßigen Abzug erforderlichen Anpreßdruck trat an den Messingringen infolge punktförmiger Belastung durch den Draht ein erhöhter Verschleiß auf, was sehr schnell zu Funkenbildung bei Stromdurchgang führte. Daraufhin wurden die Messingrollen durch gehärtete Stahlwalzen ersetzt. Zwischen Ablaufkrone und Treiber wurde zusätzlich ein Messingschleifkontakt installiert, der sich bei weiteren Versuchen gut bewährte. Ablaufkrone, Schleifkontakt und Treiber sind gegen Erde isoliert. Die Bilder 31 und 32 zeigen jeweils Seitenansichten der beschriebenen Ablaufvorrichtung.

Nach Durchlaufen des Bleibades wird der Draht über Umlenkrollen aus dem Bad geführt. Zwischen den Umlenkrollen befindet sich eine Vorrichtung zum Abstreifen des am Draht haftenden Bleies. Dahinter steht - wie aus Bild 33 ersichtlich - ein Gestell mit Umlenkrollen und Tänzerrolle, deren Gewicht verändert werden kann. Der Tänzerweg ist zum Auffangen und zum Ausgleich der Geschwindigkeitsschwankungen zwischen Umformaggregat und Auflaufhaspel erforderlich. Die Gesamtlänge zwischen Bleibad und Auflaufhaspel dient gleichzeitig als Abkühlstrecke des Drahtes. Der Auflaufhaspel wird durch ein regelbares Reibradgetriebe über Doppelkeilriemen angetrieben. Eine Gesamtansicht der Widerstandspatentieranlage zeigt Bild 34.

3.24 Umformapparatur

Auf die Vorzüge des Walzprozesses als Umformverfahren bei der thermomechanischen Behandlung von Draht oder Schmalband wurde bereits in den Kapiteln 3.1 und 3.2 eingegangen. Die gestellte Aufgabe erforderte daher die Konstruktion von Walzgerüsten, die auf Temperaturen zwischen 350 und 600 °C ohne Einbuße der Funktionstüchtigkeit aufgeheizt werden können. Anhand der in Bild 35 fotografierten Einzelteile soll der Aufbau eines derartigen Walzgerüstes erläutert werden. In der linken Bildhälfte ist das Walzgerüst abgebildet, das aus zwei mittels aufgebohrten Paßstiften verbundenen Walzenständern besteht. Das Gerüst wird durch eine Deckplatte mit vier Schrauben geschlossen. Die Anstellung der Walzen erfolgt über eine in der Deckplatte des Walzgerüstes befindliche Anstellspindel. Das Gerüst ist zusätzlich zur Befestigung mit Gewindebohrungen an der Unterseite versehen.

Walzen und Einbaustücke sind in der rechten Bildhälfte wiedergegeben, wobei die Walzen und die Kammwalzen aus einem Stück gefertigt sind. Es war daher erforderlich, jeweils ein Lagergehäuse und die entsprechenden Gleitlager geteilt auszuführen. Erste Versuche, als Lagerwerkstoff Graphit zu verwenden, schlugen fehl. Wegen der niedrigen Verschleißfestigkeit und der hohen Sprödigkeit des Graphits wurden die Lagerschalen anschließend aus "DEVA-Metall" [75], einer Legierung auf Eisen-Graphit-Basis mit geringen Anteilen an Kupfer, gefertigt. Die ausgewählte Legierung kann je nach Oxidationsgrad und Medium bis zu 600 °C eingesetzt werden.

Das Walzgerüst ist so konstruiert, daß die Walzen mit den Lagern und den Einbaustücken fertig montiert von oben her in die Ständer eingeschoben werden können. So zeigt Bild 36 im Vordergrund ein einbaufertig montiertes Walzenpaar und im Hintergrund das Walzgerüst mit angeschraubter Drahtführung, die in Bild 35 ebenfalls als Einzelteil zu sehen ist.

Um höhere Gesamtquerschnittsabnahmen als die aus Veröffentlichungen über das Austenitformhärten bekannten zu verwirklichen, wird das Umformaggregat aus zwei Walzgerüsten gebildet. Entsprechend der Aufgabenstellung, daß die zu erstellende Anlage das Austenitformhärten von Runddrähten und Schmalband gestatten soll, wurde die Apparatur so ausgelegt, daß Walzversuche in Tandem- oder in Vertikal-Horizontal-Anordnung durchgeführt werden können. Hierbei eignet sich die Tandemanordnung zur Herstellung von Schmalband aus Runddraht oder vorgefertigtem Schmalband. Die Vertikal-Horizontal-Anordnung ist zum Herstellen von profilierten Drähten - u. a. Runddraht - aus einlaufendem Runddraht erforderlich.

Beim Walzen auf der Flachbahn bei horizontaler Anordnung der Gerüste genügen zum Antrieb geradverzahnte Kammwalzen. Werden die Walzwerke in Vertikal-Horizontal-Anordnung betrieben, dann muß die Unterwalze des Vertikalgerüstes zusätzlich mit einem Kegelrad versehen sein. Eine derartige Unterwalze ist auf Bild 35 zu sehen.

Walzgerüste, Einbaustücke und Walzen wurden aus einem Warmarbeitsstahl (Werkstoff-Nr. 1.2713) gefertigt. Die Walzen wurden vor dem Schleifen gehärtet. Auf ein anschließendes Anlassen konnte verzichtet werden, da sich bei der Durchführung von Versuchen die gesamte Walzapparatur bis auf Bleibadtemperatur aufheizte und damit selbst anließ.

Die Einrichtung, die die Umformapparatur bei Eintauchen in das Bleibad schützt, sowie die konstruktive Ausführung der Antriebe werden im folgenden Kapitel beschrieben.

3.3 Beschreibung der Gesamtanlage

Die Bilder 37 bis 43 geben einen maßstabgetreuen Überblick über den konstruktiven Aufbau der Gesamtanlage. Eine Legende zu diesen Bildern ist Bild 37 vorgeheftet.

In Bild 37 erkennt man zunächst links im Bild die auf einem ca. 2 m hohen Gestell montierte Ablaufkrone (1), die mit einer einstellbaren Bremsvorrichtung versehen ist. Weiterhin sind auf dem Gestell der Messingschleifkontakt (2), sowie die Abzugseinrichtung (Treiber) (3) angebracht. Die genannten Teile sind gegen das Traggestell mittels Pertinaxplatten elektrisch isoliert. Die untere Walze des Treibers wird über einen Keilriemen von einem 1,472 kW (2 PS) Elektromotor (4) angetrieben, dessen Geschwindigkeit über einen Servomotor stufenlos verstellt werden kann. Die obere Walze des Treibers läuft im Schlepp mit, wobei der Anpreßdruck über stellbare Federn reguliert wird (s. a. Bild 30). Mit dem direkt vor der Abzugseinrichtung (3) montierten Schleifkontakt (2) beginnt die Widerstandserhitzungsstrecke (5). Beim Eintauchen des Drahtes in das sich anschließende Bleibad (6), das zugleich den zweiten Kontakt für die Widerstandserhitzung bildet, ist die Aufheizung beendet. Zur Austenitisierung des Versuchsdrahtes wird ein stufenlos regelbarer Einphasentransformator (7) mit galvanisch getrennten Wicklungen verwendet. Der Transformator ist so ausgelegt, daß er bei jeder Spannung, die zwischen 0 und 220 Volt stufenlos einstellbar ist, einen Sekundärstrom von 100 Ampère abgeben kann.

Die Messung der Austenitisierungstemperatur stellt bei kontinuierlich arbeitenden Widerstandserhitzungsanlagen ein erhebliches Problem dar. Die Gründe hierfür sind, daß einmal kein unisoliertes Thermoelement (Schleifthermoelement) verwendet werden kann, und zum anderen die Strahlungsfläche zumindest bei dünnen Drähten für eine Messung mit einem optischen Pyrometer zu gering ist. Da eine geeignete Temperaturmeßeinrichtung zur Zeit der Durchführung der Versuche nicht angeschafft werden konnte, wurden zum Zwecke der Reproduzierbarkeit der Versuchsparameter die Widerstandserhitzungsstrecke und die Durchzugsgeschwindigkeit bestimmt, sowie die eingestellte Sekundärspannung des Transformators mit einem Digitalvoltmeter (8) gemessen.

Die mit körniger Vermiculite (9) abgedeckte Bleischmelze befindet sich in einer Wanne aus hitzebeständigem Stahl, an der der zweite elektrische Kontakt angeschlossen ist (10). Über verstellbare Niederhalter (11) wird die Eintauchtiefe des Drahtes ins Bleibad vorgegeben. In veränderlichem Abstand hinter der Eintauchstelle des Drahtes in das Bleibad, der vor allem von Durchzugsgeschwindigkeit und Drahtdurchmesser abhängt, ist die Umformapparatur (12) angeordnet. Die während eines Versuches in das Bleibad eintauchenden Umformaggregate sind in einem Kasten (Umformkasten) (13) eingebaut, der diese vor eindringendem Blei schützt. Der Draht verläßt über Umlenkrollen (14), zwischen denen sich eine Bleiabstreifdüse (15) aus Kork befindet, das Bad. Über ein Gestell mit Umlenkrollen (16) und Tänzerrolle (17), das gleichzeitig dem Geschwindigkeitsausgleich und der Abkühlung der Drahtader dient, läuft der Draht auf einen Auflaufhaspel (18), der über

Doppelkeilriemen durch einen 2,944 kW (4 PS) Elektromotor (19) mit dazugehörendem Servomotor angetrieben wird.

Wie aus Bild 38 und 39 ersichtlich, die eine mögliche Variante der Umformapparatur - nämlich zwei hintereinandergeschaltete Horizontalgerüste - in Längs- und Querschnitt zeigen, besteht der Umformkasten aus einem vorderen Totkasten (20) mit einer Einlaufdüse (21) in der vorderen Außenwand, einem Mittelteil, in dem sich die Umformaggregate befinden, und einem hinteren Totkasten (22) mit einer Auslaufdüse (23) in der hinteren Außenwand. Beide Totkästen besitzen Bleiablaßschrauben (24).

Die beiden Walzgerüste im Mittelteil sind bei dieser Anordnung mit dem Boden des Umformkastens verschraubt (Bild 40). Wie bereits beschrieben, besitzen die Walzen eines jeden Gerüstes gradverzahnte Kammwalzen außerhalb des Ständers. Diese werden von einem regelbaren 4,048 kW (5,5 PS) Elektromotor je Gerüst über ein Stirnrad angetrieben. Um diese Antriebsmotoren (für Walzgerüst I und II) vor zu großer Erwärmung zu schützen, wurde der eine an das linke, der andere an das rechte Ende eines Querträgers montiert. Die Kraftübertragung zu den Kammwalzen erfolgt über lange Wellen, die - wie aus Bild 39 ersichtlich - zweifach gelagert, und deren zugehörige Lagerschalen unter den Querträgern montiert sind. An diesen Querträgern ist ebenfalls der Umformkasten höhenverstellbar aufgehängt. Die Antriebsmotoren sind mit den Wellen über elastische Kupplungen verbunden und liegen zwischen den Stützträgern der aus U-Eisen zusammengeschweißten Stützkonstruktion. Die Länge der Stützträger ist so bemessen, daß sich bei Absenken der gesamten Umformapparatur Einlauf- und Auslaufdüse des Umformkastens, die auf gleicher Höhe wie der Walzspalt eines jeden Gerüstes liegen, ca. 50 mm unter dem Bleibadspiegel befinden. Die Gesamthöhe der Stützkonstruktion kann zusätzlich durch Stellschrauben verändert werden, die gleichzeitig zum Ausgleichen von Unebenheiten des Bodens dienen.

Zwischen den beiden Walzgerüsten ist ein Schlingenheber angeordnet, der aus einem Eisenring, durch den der Versuchsdraht läuft, einem Stahlseil und einem Gewicht besteht. Das Stahlseil wird über einen Ausleger, der an den Querträger angeschweißt und am Ende mit einer Umlenkrolle versehen ist, so geführt, daß das Gewicht bei Schlingenbildung die Drahtschlinge nach oben aus dem Umformkasten herauszieht. Es wird somit vermieden, daß der Draht in die Kammwalzen geraten kann.

Beim Walzen von Profilen - Runddrähte u. a. - wird die in den Bildern 41 und 42 dargestellte Anordnung benutzt. Die Walzgerüste sind hierbei in Vertikal-Horizontal-Anordnung im Umformkasten untergebracht, wobei das Vertikalgerüst nunmehr an einer Seitenwand des Kastens angeschraubt ist (Bild 43). Hierbei wurde ebenfalls gewährleistet, daß sich der Walzspalt eines jeden Gerüstes auf gleicher Höhe wie die Einlauf- und Auslaufdüse befindet.

Die Bilder 39 und 41 zeigen die Anordnung der Heizwendeln, der Bleibadwanne sowie des Umformkastens im Bleibadofen.

Der Schaltplan der zum Betreiben der Anlage zum Austenitformhärten erforderlichen Antriebe ist in Bild 44 wiedergegeben.

4 Versuchsplan und Versuchsdurchführung

4.1 Versuchsplan

Aus der Vielzahl der mit Stählen unterschiedlicher Analyse und unterschiedlichen Durchmessers durchgeführten Versuche soll im Rahmen dieser Arbeit über die Änderung der mechanischen Eigenschaften durch thermomechanische Behandlung am Beispiel eines unlegierten Stahles mit 0,62 % C berichtet werden. Hierbei wurde aus Draht mit 2,2 mm Durchmesser der Güte D 65-2 durch Flachwalzen Schmalband hergestellt. Zur Verfügung stand ein blanker Stahldraht, der in gezogenhartem Zustand vorlag. Der Draht hatte folgende chemische Zusammensetzung:

0,62 % C; 0,64 % Mn; 0,27 % Si; 0,017 % P;

0,022 % S; 0,02 % Cu; 0,04 % Cr.

Für die Durchführung der Versuche wurde eine Einlaufgeschwindigkeit von 1,0 m/s festgelegt. Die Eigenschaften des hergestellten Schmalbandes (Streckgrenze, Zugfestigkeit und Dehnung) sollen in Abhängigkeit von den Patentierungsbedingungen (Austenitisierungs- und Bleibadtemperatur) und den Umformbedingungen (Stichabnahme während der Patentierung) bestimmt werden. Die festgestellten mechanischen Eigenschaften wurden anschließend mit denen eines kaltgewalzten Schmalbandes verglichen, dessen Ausgangsrunddraht unter den gleichen Bedingungen patentiert wurde.

Sowohl bei dem während als auch bei dem nach der Patentierung hergestellten Schmalband soll die Gefügeausbildung in Längs- und Querrichtung in Abhängigkeit von den Patentierungs- und Umformbedingungen bestimmt werden.

4.2 Versuchsdurchführung

4.21 Einfädeln des Versuchsdrahtes

Der blanke, gezogenharte Stahldraht der Güte D 65-2 mit 2,2 mm Durchmesser wird zunächst auf die Ablaufkrone gewickelt, wobei der Draht gleichzeitig von Ziehmittelresten befreit wird. Der Anfang des Drahtes wird sodann über den Schleifkontakt durch den Treiber zum Bad hin gezogen. Anschließend wird er in die Einlaufdüse des über dem Bad aufgebockten Umformkastens (Bild 45) gesteckt. Von hier gelangt der Draht durch den vorderen Totkasten in die beiden Walzgerüste, wobei er sowohl die Führungen vor den Gerüsten als auch den Schlingenheber zwischen den Gerüsten durchläuft. Nach Verlassen des zweiten Walzgerüstes passiert er den hinteren Totkasten und die Auslaufdüse. Am Ende des Bades wird der Draht durch den Bleiabstreifer gesteckt und um die Umlenkrollen des Tänzergestelles gelegt. Hiernach wird der Drahtanfang an der Trommel des Auflaufhaspels befestigt.

4.22 Versuchsablauf

Hat das Bleibad, mit dessen Aufheizung bereits mehrere Stunden vorher begonnen wurde, seine Solltemperatur ungefähr erreicht, dann kann zum Aufheizen der Umformkasten mit Hilfe eines Kranes so weit in das Bad abgesenkt werden, daß sich die Ein- und Auslaufdüse gerade noch über dem Badspiegel befinden (Bild 46). Danach wird der Draht in die Schlitze der noch hochgeschwenkten Niederhalter gelegt, diese dann mit dem Draht in das Bleibad abgesenkt und arretiert.

Zur Messung der Temperatur im Umformkasten wird ein Mantelthermoelement zwischen die Walzen des ersten Gerüstes gesteckt und an ein Meßinstrument angeschlossen. Zusätzlich wird zur schnelleren Erwärmung der nach oben hin offene Umformkasten mit Blechen abgedeckt. Für die spätere Reproduzierbarkeit eines jeden Versuches werden sowohl die Länge der Widerstandserhitzungsstrecke als auch die Länge der Abkühlstrecke im Bleibad (Strecke vom Einlaufpunkt des Drahtes bis zum Umformkastens) gemessen.

Nach diesen Vorbereitungen dauert es etwa 2 bis 3 Stunden bis sich zwischen Bad und Umformkasten ein Temperaturgleichgewicht eingestellt hat. Sobald keine Temperaturänderung mehr zu beobachten ist, wird das Digitalvoltmeter zur Messung der Spannung der Widerstandserhitzungsanlage geeicht, die Abdeckbleche vom Umformkasten sowie das im ersten Gerüst steckende Thermoelement entfernt. Vor dem synchronen Einschalten aller Antriebe wird der Querträger mit dem darunterhängenden Umformkasten so weit abgesenkt, daß die Tragstützen den Boden berühren. Bild 47 zeigt die Umformapparatur in Arbeitsstellung. Das Bild verdeutlicht gleichzeitig die Anordnung des Schlingenhebers.

Die Anlage wird von zwei Personen über zwei getrennte Steuereinrichtungen betrieben. Die erste Person übernimmt dabei das Einschalten der Gesamtanlage, die Geschwindigkeitseinregelung der vier Einzelantriebe sowie das Einschalten der Widerstandserhitzungsanlage und deren Einregelung auf eine vorgegebene Spannung. Die zweite Person kann die Geschwindigkeit von Walzwerk II und Auflaufhaspel regulieren. Zusätzlich werden von ihr das Digitalvoltmeter laufend abgelesen,und der hintere Totkasten auf eventuell einlaufendes Blei hin überwacht, damit kein Blei in das Mittelteil des Umformkastens und somit an die Walzgerüste gelangt.

Bild 48 zeigt den Schaltschrank der Gesamtanlage. Hierin sind die Instrumente zur Strom- und Spannungsmessung des Bleibadofens, darunter der Betriebsstundenzähler der Heizwendeln sowie die zwei Überwachungsregler für Bleibad- und Heizwendeltemperatur zu erkennen.

Bild 49 gibt die elektrische Schaltung der Servomotoren für die Hauptantriebe wieder. Wegen des Nachlaufens der Servomotoren bei elektrischer Verstellung sind diese zusätzlich mit Handrädern versehen, so daß eine Feineinstellung der Drehzahlen von Hand vorgenommen werden kann.

Nachdem alle Antriebe synchron eingeschaltet und eingeregelt wurden, wird die Widerstandserhitzungsanlage zugeschaltet. Die am Digitalvoltmeter ablesbare Spannung, die nach Vorversuchen für 2,2 mm Runddraht ca. 85 Volt betragen muß, wird bis zu dem genannten Wert von Hand eingestellt. Die durch Erwärmung innerhalb der Erhitzungsstrecke auftretende Längung des Drahtes wird sofort durch Senkung der Abzugsgeschwindigkeit ausgeglichen.

Der zu diesem Zeitpunkt ablaufende Vorgang entspricht unter Vernachlässigung der geringen Umformung, die durch das Eigengewicht der Oberwalzen verursacht wird, einem reinen Patentiervorgang.

Mittels verlängerter Maulschlüssel wird sodann vom zweiten Bedienungsmann die Anstellung von Walzwerk II stufenweise zugedreht. Ebenso verfährt anschließend der erste Bedienungsmann mit der Anstellung von Walzwerk I. Während des Aufbringens einer Umformung wird der zwischen Gerüst I und II befindliche Schlingenheber ständig beobachtet. Bei Auftreten einer Schlinge wird sofort die Geschwindigkeit von Walzwerk II und Auflaufhaspel durch den jeweils freien Bedienungsmann nachreguliert.

Nachdem genügend Draht für eine Versuchsauswertung durchgelaufen ist, wird nach Abstellen der Anlage die Umformapparatur aus dem Bleibad gehoben und aufgebockt. Eventuell in die Totkästen eingedrungenes Blei wird durch Lösen der Bodenschrauben abgelassen. Hiervon ist vor allem der hintere Totkasten betroffen. Während der Draht in der Einlaufdüse ständig den gleichen, definierten Querschnitt aufweist, und diese Düse somit genau bemessen werden kann, so daß bei Runddraht kein Blei in den vorderen Totkasten eindringt, weist er hingegen im Verlauf eines Versuches durch die Anstellung der Walzen unterschiedliche Querschnitte auf, so daß keine genaue Bemessung der Auslaufdüse und somit keine exakte Abdichtung des hinteren Totkastens möglich ist. Es mußte daher ein Abdichtungsmaterial gefunden werden, das sich der Querschnittsänderung des Drahtes möglichst gut anpaßt, damit einlaufendes Blei nicht zu schnell den Totkasten füllt und somit zu einem vorzeitigen Abbruch des Versuches führt. Versuche, Holz, Pertinax oder Glasfasergewebe als Abdichtmaterial zu verwenden, schlugen fehl. Erst die Verwendung von Graphitstücken verhinderte während eines gesamten Versuchsablaufes fast vollständig das Einlaufen von Blei in den hinteren Totkasten.

5 Versuchsauswertung

5.1 Austenitformgehärtetes Schmalband

Während der Fertigung durchläuft das in der Patentieranlage hergestellte Schmalband den in Bild 50 schematisch dargestellten Temperatur-Zeit-Zyklus. In der genannten Darstellung ist als Abszisse die Anlagenlänge aufgetragen, die bei einer vorgegebenen Durchlaufgeschwindigkeit von 1,0 m/s ungefähr der Zeit in Sekunden entspricht. Der Draht verläßt die Ablaufkrone und wird zwischen Schleifkontakt (WK 1) und Einlaufstelle in das Bleibad (WK 2) auf Austenitisierungstemperatur (AT) erhitzt. Im Bleibad kühlt der Draht bis zum Erreichen der Einlaufdüse (ED) ungefähr auf Badtemperatur (BT) ab. Nach Erreichen des Umformkastens, der mit der darin befindlichen Umformeinrichtung eine um etwa 90 bis 135 °C niedrigere Temperatur als das umgebende Bleibad aufweist, kühlt die Drahtader während der Umformung - hier als gezackte Linie gezeichnet - ungefähr auf Kastentemperatur (KT) ab. Mit dem Austreten des Drahtes aus der Auslaufdüse (AD) wird dieser beim weiteren Lauf durch das Blei wieder auf Bleibadtemperatur gebracht. Nach Verlassen des Bleibades (BE) kühlt der Draht an Luft in der Kühlstrecke und anschließend auf dem Auflaufhaspel bis auf Raumtemperatur (RT) ab.

Danach wird der angefallene Versuchsdraht für die anschließende Versuchsauswertung in Probenabschnitte aufgeteilt. Bild 51 zeigt in schematischer Darstellung einen Lageplan der zur Versuchsauswertung aus der Drahtader entnommenen Proben.

Die Verwendung von einzeln angetriebenen Walzgerüsten zur Umformung des Drahtes bietet den Vorteil, daß nach Erreichen der Patentierungsbedingungen durch schrittweises Anstellen der Walzen der kontinuierlich durchlaufende Draht stufenweise umgeformt werden kann. Somit fallen bei auswertbaren Versuchen in der Drahtader jeweils Strecken mit gleicher Querschnittsabnahme an. Von Beginn bis Ende eines Versuches steigt die Querschnittsabnahme stufenweise. Um ein Auffinden der einzelnen Umformungsstufen zu ermöglichen, wird der Versuchsdraht - gemäß Bild 51 - in Probenabschnitte von je vier Metern Länge aufgeteilt. Jedem dieser fortlaufend numerierten Abschnitte wird vom Versuchsende her Material zur Erstellung eines Längs- und Querschliffes sowie zur Durchführung von je drei Zugversuchen entsprechend den Materialprüfnormen für metallische Werkstoffe [76] entnommen.

Wegen anhaftenden Zunders und Bleies wurden die Querschnitte des umgeformten Drahtes nicht auf gravimetrischem Wege bestimmt, sondern anhand von Querschliffen ausplanimetriert. Gleichzeitig konnten an den Querschliffen, deren Herstellung im folgenden beschrieben wird, Gefügeuntersuchungen durchgeführt werden. Hierzu wurde eine ca. 150 mm lange Probe mit Salzsäure entzundert, galvanisch entfettet und anschließend auf galvanischem Wege mit einer ca. 1 mm dicken Nickelschicht versehen. Dem vernickelten Material wurde jeweils eine Probe entnommen und in Kunststoff eingebettet. Nach dem Einbetten wurden die Proben so zersägt, daß der Sägeschnitt senkrecht zur Drahtachse lag. Anschließend wurde der Querschnitt naß geschliffen, poliert und mit 3 %iger Salpetersäure angeätzt. Mit Hilfe eines Leitz-Projektors wurde sodann die Querschnittsfläche wie folgt bestimmt: Der auf dem Probentisch liegende Querschliff wurde 20fach vergrößert auf eine Mattscheibe projeziert, danach auf Transparentpapier übertragen und ausplanimetriert. Mit Hilfe eines Umrechnungsfaktors (Vergrößerung) wurde die tatsächliche Querschnittsfläche bestimmt.

Die Herstellung von Längsschliffen war weniger aufwendig, da hierzu die aus den vier Meter langen Abschnitten entnommenen Proben ohne weitere Vorbereitung in Kunststoff eingebettet werden konnten.

Zerreißversuche zur Bestimmung von Zugfestigkeit, Streckgrenze und Dehnung wurden an Proben mit 100 mm Meßlänge durchgeführt.

5.2 Kaltgewalztes Schmalband

Um die Änderung der mechanischen Eigenschaften eines patentierten Drahtes bei der Herstellung von Schmalband durch Flachwalzen nach der Patentierung mit den mechanischen Eigenschaften eines austenitformgehärteten Schmalbandes vergleichen zu können, ist es erforderlich, daß beide Versuchsdrähte unter denselben Bedingungen patentiert wurden. Dies war sicher gewährleistet, wenn für die Kaltwalzversuche jene

Probenabschnitte verwendet wurden, die nur patentiert und dabei nicht oder nur geringfügig verformt wurden. Zur Herstellung des kaltgewalzten Schmalbandes stand ein Duo-Walzwerk mit einem Walzendurchmesser von 210 mm zur Verfügung. Die Stichabnahmen wurden hierbei so gewählt, daß sie ungefähr denjenigen des austenitformgehärteten Schmalbandes entsprachen. Die Versuchsauswertung wurde entsprechend dem in Kapitel 5.1 geschilderten Schema mittels Quer- und Längsschliffen sowie Zugproben vorgenommen.

5.3 Ermittlung der Austenitisierungstemperatur und des Umwandlungsverhaltens für Stahl der Güte D 65-2

Die Messung der Austenitisierungstemperatur bereitet bei kontinuierlich arbeitenden Widerstandserhitzungsanlagen Schwierigkeiten, die bereits eingehend in Kapitel 3.3 geschildert wurden. Häufig findet man in der Literatur - so auch bei J. E. Kontorowitsch und Mitarbeiter [11] - den Hinweis, daß die Austenitisierungstemperatur mit Hilfe eines optischen Pyrometers bestimmt wurde. Diese Meßmethode konnte zunächst bei der einadrigen Versuchsanlage nicht angewendet werden, da einmal die Strahlungsfläche zu klein war und zum anderen der Draht nicht ruhig geführt werden konnte.

Von B. M. Armstrong [66] wird zur Temperaturmessung ein Vergleichsdraht verwendet, der fest neben dem durchlaufenden Versuchsdraht der Widerstandserhitzungsstrecke montiert ist und durch einen regelbaren Transformator konduktiv erhitzt wird. Zur Vermeidung von Fehlmessungen durch Zunderbildung werden sowohl der Versuchsdraht als auch der Vergleichsdraht in einer aus Stickstoff bestehenden Schutzgasatmosphäre elektrisch aufgeheizt. An dem Vergleichsdraht ist ein Thermoelement angebracht. Durch optischen Vergleich wird der feste Vergleichsdraht auf die gleiche Farbe wie sie der durchlaufende Versuchsdraht hat, eingeregelt, und die Temperatur über das Thermoelement abgelesen. In Vorversuchen ermittelte B. M. Armstrong [66], daß die Drahttemperatur mit einer Genauigkeit von ± 10 °C gemessen werden konnte.

Diese Meßmethode konnte bei der erstellten Versuchsanlage ebenfalls nicht angewendet werden, da die Drähte zunächst nicht unter Schutzgas austenitisiert wurden.

Durch Pilotversuche mußte daher die Spannung ermittelt werden, die eine vollständige Austenitisierung des Drahtes bei den eingestellten Versuchsparametern garantierte. Da zur Versuchsdurchführung gezogenharter Stahldraht verwendet wurde, der eine ausgeprägte Verformungstextur aufwies, konnte anhand der Schliffe des mit verschiedenen Spannungseinstellungen erhitzten Drahtes festgestellt werden, von welcher Spannung ab diese Ziehtextur beim patentierten Draht vollständig aufgelöst war.

Nachdem zunächst bei den Versuchen die Länge der Erhitzungsstrecke, die Durchzugsgeschwindigkeit sowie die Spannung der konduktiven Erhitzungsanlage für den jeweiligen Versuchsdraht zum Zwecke der Reproduzierbarkeit festgehalten worden waren, konnte später mit einem Teilstrahlungspyrometer der Firma G. Maurer 77 ein Diagramm erstellt werden, das die Austenitisierungstemperatur in Abhängigkeit von der eingestellten Spannung für die betreffenden Versuchsbedingungen wiedergibt

(Bild 52). Die Messung war möglich, da bei dem Gerät unter Verwendung einer Strichblende nicht die vollständige Bedekkung des Blendenausschnittes durch den strahlenden Körper erforderlich war. Damit wurde auch das Führungsproblem des Drahtes einfach, da nur noch gewährleistet sein mußte, daß der Draht nicht aus dem Blendenausschnitt herauswanderte.

Der Einfluß der Austenitisierungstemperatur auf die Zeit-Temperatur-Umwandlung beim Patentieren des Versuchswerkstoffes der Güte D 65-2 konnte mit den am Institut für Bildsame Formgebung zur Verfügung stehenden Mitteln nicht untersucht werden. Es wurden daher die von J. Frydrych und Mitarbeitern [78, 79] an Kohlenstoffdrähten ermittelten Versuchsergebnisse berücksichtigt. Bild 53 verdeutlicht, daß sich mit erhöhender Austenitisierungstemperatur der Umwandlungsbeginn zu längeren Zeiten hin verschiebt. Der Einfluß des Drahtdurchmessers auf das Umwandlungsverhalten beim Patentieren ist in Bild 54 dargestellt. Die Verfasser ermittelten, daß sich mit Zunahme des Probendurchmessers der Umwandlungsbeginn im Perlitbereich zu längeren und im Zwischenstufenbereich zu kürzeren Zeiten hin verschiebt.

6 Versuchsergebnisse und Diskussion

6.1 Versuchsergebnisse

Im folgenden wird über die Ergebnisse berichtet, die bei einer thermomechanischen Behandlung eines Stahldrahtes der Güte D 65-2 erhalten wurden. Tabelle 1 enthält die Analyse des Drahtwerkstoffes sowie die charakteristischen Versuchsdaten. Die Ergebnisse der im Kapitel 5 beschriebenen Versuchsauswertung sind in den Tabellen 2 und 3 zusammengefaßt, wobei ε_A die Gesamtquerschnittsabnahme ist, die an den entsprechend Bild 51 entnommenen Probenabschnitten bestimmt wurde. Sie ergibt sich aus dem Quotienten $\Delta A/A_0$, worin ΔA die Differenz zwischen der einlaufenden Querschnittsfläche A_0 und der auslaufenden Querschnittsfläche A_1 ist.

Anhand eines zwischen Walzgerüst I und Walzgerüst II entnommenen "Steckers" konnte die in Walzwerk I verwirklichte Stichabnahme bei Versuchsende mit ε_{AI} = 3,94 % ermittelt werden. Das austenitformgehärtete Schmalband wies hierbei eine maximale Gesamtquerschnittsabnahme von 14,46 % auf. Bei der Umformung von Runddraht in Schmalband durch Flachwalzen verändert sich im ersten Stich hauptsächlich die Probengeometrie. Die durch die Walzenanstellung vorgegebene Stichabnahme führt zu einer nahezu gleich großen Breitenzunahme des Werkstoffes. Hieraus erklärt sich die geringe Querschnittsabnahme im ersten Gerüst.

Die in den Tabellen 2 und 3 aufgeführten Werte für Zugfestigkeit, Streckgrenze und Dehnung stellen Mittelwerte aus jeweils drei Zerreißversuchen dar.

Nach der Versuchsauswertung konnten die festgestellten mechanischen Eigenschaften als Funktion der jeweiligen Gesamtquerschnittsabnahme graphisch dargestellt werden. So zeigt Bild 55 den Verlauf der Zugfestigkeit σ_B des hergestellten Schmalbandes. Da bei den Versuchen gezogenharter Stahldraht verwendet, und die Anlage kalt angefahren wurde, sinkt nach Zuschalten der Widerstandserhitzung mit steigender Temperatur die Festigkeit des Drahtes ab (linker Ast der Kurve). Nach Überschreiten der Austenitisierungstemperatur fällt lediglich patentierter Draht an (Minimum des Kurvenverlaufs). Der Anfangspunkt der Kurve kennzeichnet also die mechanischen Eigenschaften des Ausgangsmaterials (gezogenharter Stahldraht) nach Durchlaufen des Bleibades, während das Kurvenminimum die Eigenschaften des Drahtes nach Austenitisierung und Durchlaufen des Bleibades (Patentierung) charakterisiert. Die geringe Querschnittsabnahme von 4 bis 7 % ist hier hauptsächlich sowohl durch die geringfügige Anstellung der Walzen, als auch durch den zwischen Gerüst I und II herrschenden Zug bedingt. Mit stärkerer Umformung durch Anstellen der Walzgerüste - vor allem Gerüst II - steigt im Bereich von 7 bis 10 % Querschnittsabnahme die Zugfestigkeit um ca. 20 % von 961 auf 1158 N/mm^2 an. Eine weitergehende Umformung führt wieder zu einem geringen Abfall der Zugfestigkeit.

Bild 56 enthält die festgestellten Werte für die Streckgrenze $\sigma_{0,2}$. Wie aus dem Bild ersichtlich, ergibt sich hier ein ähnlicher Kurvenverlauf wie für die Zugfestigkeit, wobei die Werte für die Streckgrenze des patentierten Drahtes um ca. 294 N/mm^2 unter denen für die Zugfestigkeit liegen.

In Bild 57 ist die Dehnung δ als Funktion der Querschnittsabnahme aufgetragen. Nach Erreichen der Austenitisierungstemperatur steigt die Dehnung des Schmalbandes an. Bei Querschnittsabnahmen über 7 % verläuft sie anschließend im untersuchten Bereich nahezu konstant.

Erst nachdem die Auswertung des austenitformgehärteten Schmalbandes vollständig abgeschlossen war, konnte nun für die im Rahmen dieser Arbeit vorgesehenen Kaltwalzversuche das in Frage kommende Probenmaterial (s. Kapitel 5.2) ausgewählt werden. Hieraus wurde durch Kaltwalzen Schmalband hergestellt, das ähnliche Querschnittsabnahmen wie das austenitformgehärtete Schmalband aufwies. Die Versuchsauswertung erfolgte ebenfalls nach der bereits beschriebenen Methode.

Die festgestellten Werte für Zugfestigkeit, Streckgrenze und Dehnung sind in Tabelle 3 zusammengestellt und in Bild 58 als gestrichelte Kurven aufgetragen. Zugfestigkeit und Streckgrenze steigen bei kaltgewalztem Schmalband gegenüber dem austenitformgehärteten Schmalband (durchgezogene Kurven) wesentlich stärker an. Die Duktilität des kaltgewalzten Bandes fällt hingegen stark ab. Neben der Bestimmung der mechanischen Eigenschaften und den zur Ermittlung der Querschnittsabnahmen erforderlichen Querschliffe wurden zusätzlich Längsschliffe angefertigt. Diese metallographischen Untersuchungen sollten Aufschluß darüber geben, ob das patentierte Gefüge durch die während des Patentiervorganges vorgenommene Umformung eine Veränderung erfährt.

Die Bilder 59 a - d und 60 a - d zeigen jene Phase des Versuchsablaufes, in der sich das Gefüge des gezogenhart einlaufenden Versuchsdrahtes durch einsetzende Austenitisierung aufzulösen beginnt. Die Bilder 61 a - d und 62 a - d zeigen die Gefügeausbildung in Längs- und Querrichtung mit fortschreitender Umformung einmal für ein austenitformgehärtetes Schmalband (Bilder 61 a + b und 62 a + b) sowie für ein kaltgewalztes Schmalband (Bilder 61 c + d und 62 c + d). Alle Gefügeaufnahmen sind 500fach vergrößert aufgenommen. Bei einer derartigen Vergrößerung ist kein wesentlicher Unterschied zwischen dem patentierten und dem zusätzlich austenitformgehärteten Gefüge zu erkennen. Eine elektronenmikroskopische Untersuchung konnte Im Rahmen dieser Arbeit nicht durchgeführt werden.

Für das nach der Patentierung hergestellte Schmalband (Bilder 61 c + d und 62 c + d) führt eine Umformung durch Kaltwalzen im ersten Stich von ca. 4 % und eine weitere Abnahme im zweiten Stich von ca. 2 % bereits zu einer leichten Texturausbildung, wie aus Bild 61 ersichtlich.

6.2 Diskussion

Die nach Auswertung der eigenen Versuche an einem unlegierten Kohlenstoffstahl festgestellten Änderungen der mechanischen Eigenschaften durch Austenitformhärten gaben Anlaß, die eigenen Ergebnisse mit bereits aus der Literatur bekannten zu vergleichen. Hierzu wurden die von B. M. Armstrong [66] und A. Robonyi und L. Tömpe [67] veröffentlichten Ergebnisse ausgewertet, da bei deren Versuchen die Umformung ebenfalls im Bereich des metastabilen Austenits durchgeführt wurde. So zeigt Bild 63 eine Zusammenstellung dieser und eigener Ergebnisse. Hierbei konnte lediglich die Änderung der Zugfestigkeit der thermomechanisch behandelten Stähle zum Vergleich herangezogen werden, da nur von B. M. Armstrong [66] der Streckgrenzenverlauf noch zusätzlich untersucht wurde. Hinsichtlich des Dehnungsverlaufes sind keinerlei Angaben bekannt. Ein Vergleich der Versuchsergebnisse - wie er in Bild 63 enthalten ist - ist nur bedingt durchführbar, da zur Versuchsdurchführung unterschiedliche Anlagentypen, Austenitisierungs- und Umwandlungsbedingungen sowie Werkstoffe unterschiedlicher Analyse verwendet wurden.

Dies wird besonders deutlich hinsichtlich der bei ungefähr gleichem Kohlenstoffgehalt festgestellten großen Unterschiede in der Zugfestigkeit. Die Versuchsergebnisse von B. M. Armstrong [66] sind hierbei als strichpunktierte Linien eingetragen. Für die Darstellung der Ergebnisse, die A. Robonyi und L. Tömpe [67] bei ihren Untersuchungen erhielten, wurden gestrichelte Linien verwendet. Die durchgezogene Linie stellt die Ergebnisse eigener Untersuchungen dar. Sowohl durch die eigenen Versuche (0,62 % C) als auch durch die von B. M. Armstrong (0,4 % C; 0,8 % C), A. Robonyi und L. Tömpe (0,42 % C; 0,77 % C) und indirekt auch durch die von J. Becker (0,4 % C; 0,91 % C) durchgeführten Untersuchungen wurde nachgewiesen, daß die Zugfestigkeit durch thermomechanische Behandlung bei einer Querschnittsabnahme von ca. 10 % erheblich gesteigert werden kann. Die großen Unterschiede der hierbei erreichten Absolutwerte der Zugfestigkeit bei ungefähr gleichem Kohlenstoffgehalt bedingen weitere Untersuchungen, in denen der Einfluß der Austenitisierungs-, Umwandlungs- und Umformbedingungen, des Kohlenstoffgehaltes, der Legierungsanteile sowie der Querschnittsabnahmen auf die Änderung der mechanischen Eigenschaften der Stähle untersucht werden müßten. Die bei der Herstellung von Schmalband durch Umformung während der Patentierung erreichten Festigkeitssteigerungen zeigen jedoch, daß die im Institut für Bildsame Formgebung gebaute Patentieranlage mit Umformeinrichtung zur thermomechanischen Behandlung von unlegiertem Kohlenstoffstahl geeignet ist.

7 Ausblick

Die Änderung der mechanischen Eigenschaften durch thermomechanische Behandlung mit Hilfe der am Institut für Bildsame Formgebung erstellten Anlage wurde am Beispiel eines unlegierten Stahldrahtes mit 0,62 % C und 2,2 mm Ausgangsdurchmesser dargestellt. Im folgenden soll daher kurz auf die beim Austenitformhärten von Drähten der Güten D 65-2 bzw. D 75-2 mit ca. 1 mm Ausgangsdurchmesser gewonnenen Erkenntnisse hinsichtlich der Anlagentechnologie eingegangen werden.

Eine Erhitzung unter inerter Atmosphäre scheint ratsam, da dadurch die Zunderbildung vermieden, und damit das beobachtete Bleiziehen möglicherweise unterdrückt werden kann. Weiterhin hat sich gezeigt, daß bei der Herstellung von Schmalband aus Runddraht bisher nur Gesamtquerschnittsabnahmen bis ca. 30 % bei der bestehenden Anlage verwirklicht werden konnten. So sind in Tabelle 4 und Bild 64 die an Draht der Güte D 65-2 mit ca. 1 mm Durchmesser bei verschiedenen Versuchen maximal erreichten Querschnittsabnahmen und die an den dazugehörenden Probenabschnitten bestimmten Zugfestigkeiten zusammengestellt. Wesentlich größere Querschnittsabnahmen können verwirklicht werden, wenn als Ausgangsmaterial bereits Schmalband verwendet wird, da bei b/h-Verhältnissen größer 5 fast alles aus der Höhe verdrängte Material in die Länge fließt.

Die an dünnen Drähten durchgeführten Versuche führten infolge der hohen spezifischen Flächenpressungen zu einem verstärkten Verschleiß der Walzen. Versuche, Stellite als Verschleißschicht aufzuschweißen, wurden abgebrochen, da mit den vorhandenen Mitteln und bei den geringen Walzendurchmessern eine poren- und rißfreie Auftragsschicht nicht hergestellt werden konnte. Nach J. Blum [80] lassen sich jedoch die Standzeiten durch Einsatz von mit Hartmetall bestückten Walzen, die bis zu Temperaturen von ca. 700 °C noch eine gute Härte aufweisen, wesentlich verbessern.

Die am Institut für Bildsame Formgebung erstellte Anlage bietet einmal die Möglichkeit, reine Patentierversuche durchzuführen, wobei die Patentierparameter in weiten Grenzen variiert werden können. Die für eine zusätzliche thermomechanische Behandlung entworfene Umformapparatur wurde so ausgelegt, daß sie von Drahteinlauf bis Drahtauslauf an jeder Stelle des Bleibades eingesetzt werden kann. Hierdurch sind alle in Kapitel 2.2 beschriebenen Arten einer thermomechanischen Behandlung mit der Anlage durchführbar.

8 Zusammenfassung

Die vorliegende Arbeit beschreibt Planung, Entwurf und Bau einer kontinuierlich arbeitenden Anlage zur thermomechanischen Behandlung von Stahl.

So wurden für die Planung die Möglichkeiten bei der Ausführung von Patentieranlagen diskutiert. Ein weiterer Teil des Erkenntnisstandes beschäftigt sich mit den Arten der thermomechanischen Behandlung, sowie wegen der gestellten Aufgabe besonders ausführlich mit bereits ausgeführten, kontinuierlich arbeitenden Anlagen zum Austenitformhärten von unlegierten Stahldrähten. Unter Berücksichtigung der an bereits vorhandenen Anlagen gewonnenen Erfahrungen wurde sodann eine Versuchsanlage entwickelt und gebaut.

Zur Erwärmung des Versuchsdrahtes wird eine Widerstandserhitzungsanlage benutzt, bei der als erster elektrischer Kontakt ein Schleifkontakt und als zweiter Kontakt das sich anschließende Bleibad verwendet wird. Nach dem Einlauf in das Bleibad wird der Draht in zwei hintereinander angeordneten Walzgerüsten umgeformt, deren Abstand vom Einlaufpunkt verändert werden kann. Hierbei können die Walzgerüste, die in einem in das Bleibad eintauchenden Umformkasten untergebracht sind, sowohl in Tandem- als auch in Vertikal-Horizontal-Anordnung betrieben werden. Die ab- und auflaufseitig vorhandenen Antriebe, sowie die Geschwindigkeit der beiden einzeln angetriebenen Walzgerüste sind stufenlos regelbar. Die Gesamtanlage wurde so ausgelegt, daß Durchzugsgeschwindigkeiten bis 2 m/s verwirklicht werden können.

Als Beispiel für die Änderung der mechanischen Eigenschaften durch eine thermomechanische Behandlung wird über Ergebnisse der mit einem gezogenharten Stahldraht der Güte D 65-2 mit einem Ausgangsdurchmesser von 2,2 mm durchgeführten Versuche berichtet. Zugfestigkeit, Streckgrenze und Dehnung sowie die Gefügeausbildung wurden in Abhängigkeit von den Umformbedingungen sowohl bei dem während als auch bei dem nach der Patentierung hergestellten Schmalband bestimmt.

Die Ergebnisse dieser Untersuchungen können wie folgt zusammengefaßt werden:

Zugfestigkeit und Streckgrenze steigen beim Austenitformhärten durch Flachwalzen von Runddraht im metastabilen Austenitgebiet bei Querschnittsabnahmen zwischen 7 und 10 % stark an. Die Zugfestigkeit nimmt hierbei um ca. 20 % zu. Eine weitere Umformung führt im untersuchten Bereich zu keiner weiteren Festigkeitssteigerung. Die Dehnung des patentierten Drahtes wird durch die Umformung hingegen kaum beeinflußt.

Zugfestigkeit und Streckgrenze des nach der Patentierung hergestellten Schmalbandes - die hierzu erforderlichen Versuche wurden auf einem Duo-Kaltwalzwerk des Institutes für Bildsame Formgebung durchgeführt - steigen bei gleichen Umformgraden wesentlich stärker an. Das kaltgewalzte Band weist jedoch eine erheblich geringere Duktilität auf. Bereits aus der Literatur bekannte Ergebnisse hinsichtlich einer Steigerung der Zugfestigkeit durch thermomechanische Behandlung sowie die Ergebnisse der eigenen Versuche (Zugfestigkeit) wurden zu Vergleichszwecken zusammengestellt. Ein derartiger Vergleich ist aufgrund der unterschiedlichen Versuchsbedingungen nur begrenzt durchführbar. Unter Vernachlässigung der Unterschiede, die bei ungefähr gleichem Kohlenstoffgehalt hinsichtlich der Zugfestigkeit bei den unter verschiedenen Bedingungen durchgeführten Versuche auftraten, zeigen die Ergebnisse teilweise gleiche Tendenz. Bei einer Querschnittsabnahme von ca. 10 % kann die Festigkeit von unlegiertem Kohlenstoffstahl durch Austenitformhärten gesteigert werden.

Die bei der Herstellung von Schmalband durch thermomechanische Behandlung erreichte Festigkeitssteigerung zeigt, daß die im Institut für Bildsame Formgebung gebaute Patentieranlage mit Umformapparatur zur thermomechanischen Behandlung von unlegiertem Kohlenstoffstahl geeignet ist.

Dem Landesamt für Forschung sei an dieser Stelle für die Unterstützung der Arbeit gedankt.

14 Thieme, G.: Ein neuzeitliches Verfahren zum elektrischen Widerstandspatentieren. Draht-Welt 51 (1965) Nr. 4, S. 173/77

15 Zouhar, G.: Ein Beitrag zur Frage der Drahtpatentierung durch elektrische Widerstandserwärmung. Freiberger Forschungshefte B 4 (1954) S. 49/62

16 Trautmann, O. C.: Einrichtung zur Wärmebehandlung von Draht o. dgl. - Patent 18 c 1-40 1483039

17 - Design Functions and Operations of an Electric Direct Resistance Heat Treating Unit. Wire W. Product (1972) Nov., S. 65/66; s. a. Draht 17 (1966) Nr. 8, S. 617

18 Ivanov, V. P., N. E. Skorochodov u. Ju. A. Kasin: Auswahl der technologischen Hauptparameter für die Herstellung von Drähten für Drahtseile. Stal in Deutsch (1968) Nr. 10, S. 1052/53

19 Mallach, W.: Berechnung des Temperaturverlaufes von Drähten in Patentier- und Härteanlagen. Draht 5 (1954) Nr. 3, S. 83/89

20 Lueg, W. u. A. Pomp: Abkühlungsgeschwindigkeiten und Wärmeübergangszahlen beim Patentieren von Stahldraht in verschiedenen Kühlmitteln. Mitt. KWI Eisenforsch. 23 (1941) S. 41/51

21 Eilender, W. u. R. Mintrop: Einfluß der Erhitzungsgeschwindigkeit des Stahles auf die Perlit-Austenit-Umwandlung unter besonderer Berücksichtigung der Oberflächenhärtung. Stahl u. Eisen 68 (1948) Nr. 5/6, S. 83/85

22 Kentner, U.: Die elektrische Widerstandspatentieranlage. Draht 15 (1964) Nr. 11, S. 744/47

23 Armstrong, B. M. u. G. M. Sturgeon: Influence of Quench Rate on the Structure and Properties of Patented Carbon Steel Rod. Journal ISI (1964) Dec., S. 1012/17

24 Evans, P. R. V. u. H. O'Neill: The Effect of Rolling Unstable Austenitic 0,76 % Carbon Steel at 220 - 300 °C. J. Iron Steel Inst. 191 (1959) S. 34/44

25 Detert, K. u. Ch. Schmidt-Krayer: Einfluß einer Austenitverformung vor der Martensitumwandlung in niedriglegierten Baustählen. Stahl u. Eisen 83 (1963) Nr. 8, S. 449/57

26 Lips, E. M. H. u. H. van Zuilen: Improved Hardening Technique. Met. Progress 66 (1954) Nr. 2, S. 103/04

27 Schmatz, D. J., J. C. Shyne u. V. F. Zackay: Austenite Cold Working for Ultra-High Strength. Metal Progress 76 (1959) Nr. 9, S. 66/69

14 Thieme, G.: Ein neuzeitliches Verfahren zum elektrischen Widerstandspatentieren. Draht-Welt 51 (1965) Nr. 4, S. 173/77

15 Zouhar, G.: Ein Beitrag zur Frage der Drahtpatentierung durch elektrische Widerstandserwärmung. Freiberger Forschungshefte B 4 (1954) S. 49/62

16 Trautmann, O. C.: Einrichtung zur Wärmebehandlung von Draht o. dgl. - Patent 18 c 1-40 1483039

17 - Design Functions and Operations of an Electric Direct Resistance Heat Treating Unit. Wire W. Product (1972) Nov., S. 65/66; s. a. Draht 17 (1966) Nr. 8, S. 617

18 Ivanov, V. P., N. E. Skorochodov u. Ju. A. Kasin: Auswahl der technologischen Hauptparameter für die Herstellung von Drähten für Drahtseile. Stal in Deutsch (1968) Nr. 10, S. 1052/53

19 Mallach, W.: Berechnung des Temperaturverlaufes von Drähten in Patentier- und Härteanlagen. Draht 5 (1954) Nr. 3, S. 83/89

20 Lueg, W. u. A. Pomp: Abkühlungsgeschwindigkeiten und Wärmeübergangszahlen beim Patentieren von Stahldraht in verschiedenen Kühlmitteln. Mitt. KWI Eisenforsch. 23 (1941) S. 41/51

21 Eilender, W. u. R. Mintrop: Einfluß der Erhitzungsgeschwindigkeit des Stahles auf die Perlit-Austenit-Umwandlung unter besonderer Berücksichtigung der Oberflächenhärtung. Stahl u. Eisen 68 (1948) Nr. 5/6, S. 83/85

22 Kentner, U.: Die elektrische Widerstandspatentieranlage. Draht 15 (1964) Nr. 11, S. 744/47

23 Armstrong, B. M. u. G. M. Sturgeon: Influence of Quench Rate on the Structure and Properties of Patented Carbon Steel Rod. Journal ISI (1964) Dec., S. 1012/17

24 Evans, P. R. V. u. H. O'Neill: The Effect of Rolling Unstable Austenitic 0,76 % Carbon Steel at 220 - 300 °C. J. Iron Steel Inst. 191 (1959) S. 34/44

25 Detert, K. u. Ch. Schmidt-Krayer: Einfluß einer Austenitverformung vor der Martensitumwandlung in niedriglegierten Baustählen. Stahl u. Eisen 83 (1963) Nr. 8, S. 449/57

26 Lips, E. M. H. u. H. van Zuilen: Improved Hardening Technique. Met. Progress 66 (1954) Nr. 2, S. 103/04

27 Schmatz, D. J., J. C. Shyne u. V. F. Zackay: Austenite Cold Working for Ultra-High Strength. Metal Progress 76 (1959) Nr. 9, S. 66/69

28 Shyne, J. C., V. F. Zackay u. D. J. Schmatz: The Strength of Martensite Deformed from Cold-Worked Austenite. Trans. ASM 52 (1960) S. 346/61

29 Kula, E. B. u. J. M. Dhosi: Effect of Deformation Prior to Transformation on the Mechanical Properties of 4340 Steel. Trans. ASM 52 (1960) S. 321/45

30 Zackay, V. F., W. M. Justusson u. D. J. Schmatz: Deformation of Metastabile Austenite ... an Interim Report on a New Process. Metal Progress (1961) Nr. 9, S. 68/72; 126

31 Matas, S. J., M. Hill u. H. P. Munger: Ausforming and Hot-Cold Working - Methods and Properties. Fifth mechanical working conference, Pittsburgh, Pa., Jan. 15, 1963

32 Bascenko, A. P. u. Ya. B. Gurevich: Temperature and Phase Control of Steel During Thermomechanical Treatment. Metallovedenie i Termicheskaya Obrabotka Metallov (1964) Nr. 8, S. 34/36

33 Kalish, D., S. A. Kulin u. M. Cohen: Bainitic Structures and Thermomechanical Treatments Applied to Steel. J. Metals (1965) Nr. 2, S. 157/64

34 Rassmann, G.: Festigkeitssteigerung durch thermomechanische Behandlung von Stählen. Neue Hütte 10 (1965) Nr. 7, S. 413/22

35 Rassmann, G. u. P. Müller: Über die Ursachen der Festigkeitssteigerung durch Ausforming-Behandlung. Neue Hütte 12 (1967) Nr. 8, S. 481/86

36 Bühler, H., J. Burmester u. A. Rose: Das Werkstoffverhalten des Stahles X 38 CrMoV 51 nach dem Austenitformhärten. Ind.-Anz. 90 (1968) Nr. 82, S. 1855/59

37 Dulieu, D. u. J. J. Irani: Low-Temperature Rolling Upper Bainitic Structures. J. Iron Steel Inst. 207 (1969) S. 308/18

38 Craik, R. L., M. J. May u. D. J. Latham: Thermomechanical Treatments of Medium and High-Strength Low-Alloy Steels. Met. Engng. Quart. ASM (1969) Nr. 8, S. 12/21

39 Entin, R. J., O. G. Muzalevskij, A. P. Bascenko, A. J. Griskov, V. G. Grosval'd, Ja. B. Gurevic u. A. M. Zubko: Thermomechanische Behandlung von Walzgut. Stal in Deutsch (1969) Nr. 11, S. 1146/49

40 Rassmann, G. u. P. Müller: Zur Deutung der Festigkeitssteigerung von Stählen durch thermomechanische Behandlung. Neue Hütte 17 (1972) Nr. 1, S. 2/7

41 Möller, J.: Über den Einfluß einiger Legierungselemente auf die Festigkeitssteigerung von Stählen durch das Austenitformhärten. Diss. TH München, 1969

42 - Austenitformhärten. Ausforming Betters Strong Steels. Iron Age 197 (1966), Nr. 2, S. 58/59; s. a. Ind.-Anz. 88 (1966), Nr. 83, S. 1847/48

43 Liebig, H. P.: Umwandlungsverhalten des Stahls X 38 CrMoV 51 beim Austenitformhärten. Ind.-Anz. 92 (1970) Nr. 49, S. 1115/18

44 Kidin, J. N., A. H. Marschalkin, Ju. M. Musonow u. A. A. Katschapin: Anwendung des elektrischen Austenitformhärtens bei der Herstellung von hochfestem Draht. Izvestija VUZ, Cernaja Metallurgija 9 (1966) Nr. 1, S. 141/44

45 Juchvez, J. A. u. M. N. Petrov: Warm-Kalt-Verformung von Draht. Stal in Deutsch (1967) Nr. 3, S. 311/13

46 Gulotti, D., E. Eichen u. J. W. Spetnak: Development of New Mechanisms and Techniques for Obtaining Steels in the Ultrahigh Strength Range. Technical Report No. PB 131238, May 1957, Ohio State University Foundation (WADC) US Office of Technical Services

47 Iwata, H.: Effects of Ausforming on New Type Si-Cr-Steel. January, 1967, Sumitomo Electric Industries, Ltd.

48 Castagne, J. L., J. le Gal, A. Pineau u. M. Sindzingre: Ausforming - Etude de l'écrouissage de l'austénite Métastable. Mém. Sci. Rev. Métallurg. (1967) Nr. 4, S. 319/30

49 Cozar, R., A. Pineau u. M. Sindzingre: Verbesserung der mechanischen Eigenschaften von Stählen durch Verformung im metastabilen Austenit-Bereich. - Ausforming. Härterei-Techn. Mitt. 24 (1969) Nr. 3, S. 217/20

50 Schmidtmann, E. u. H. Hlawiczka: Wirkung einer thermomechanischen Behandlung bei hoher Temperatur auf die Entfestigung des Austenits. Arch. Eisenhüttenwes. 44 (1973) Nr. 5, S. 403/08

51 Schmidtmann, E. u. H. Hlawiczka: Wirkung einer thermomechanischen Behandlung auf das Umwandlungsverhalten in der Perlit- und in der Martensitstufe. Arch. Eisenhüttenwes. 44 (1973) Nr. 7, S. 529/37

52 Form, W.: Entwicklung auf dem Gebiete der thermomechanischen Stahlbehandlungen. Schweizer Archiv (1966) Nr. 4, S. 106/13

53 Ivanova, V. S. u. L. K. Gordienko: New Ways of Increasing the Strength of Metals. Iron Steel Inst., Publication 109, 1968

54 Koppenaal, T. J.: The Current Status of Thermomechanical Treatment of Steel in the Soviet Union. Trans. ASM 62 (1969) S. 24/37

55 Hague, D. P.: The Role of Thermomechanical Treatments in the Production of High Strength Steel Wire. Wire Ind. (1971) Nr. 7, S. 470/76

56 Hague, D. P.: The Role of Thermomechanical Treatments in the Production of High Strength Steel Wire. Wire W. Product (1971) Nr. 11, S. 40/48

57 Delaey, L.: Die thermomechanischen Behandlungen von Legierungen. Z. Metallkunde 63 (1972) Nr. 9, S. 531/41

58 - Austenitformhärten (thermomechanische Behandlung) von Stählen. Bibliographie Nr. 495 des Vereins Deutscher Eisenhüttenleute, Düsseldorf

59 Lehnert, W.: Thermomechanische Behandlung der Stähle, wichtigste Einflußgrößen und erreichbarer Effekt. Neue Hütte 13 (1968) Nr. 12, S. 716/22

60 Rose, A.: Wärmebehandelbarkeit der Stähle. Stahl u. Eisen 85 (1965) Fr. 20, S. 1229/40; 1267/68

61 Rose, A. u. H. P. Hougardy: Möglichkeiten der Festigkeitssteigerung von Stahl durch thermomechanische Behandlung. Z. Metallkunde 58 (1967) Nr. 11, S. 747/52

62 Bernshtein, M. L.: Hot Plastic Deformation and Strengthening Mechanisms in the Thermomechanical Treatment of Steel. Steel in the USSR (1972) Nr. 2, S. 151/57

63 Bernshtein, M. L. u. K.-E. Hensger: Strukturveränderungen bei der Warmverformung als Grundlage der Verfestigungsmechanismen bei der thermomechanischen Behandlung - Strukturveränderungen bei der Warmverformung von Metallen und Legierungen. Neue Hütte 18 (1973) Nr. 4, S. 193/200

64 Bernshtein, M. L. u. K.-E. Hensger: Strukturveränderungen bei der Warmverformung als Grundlage der Verfestigungsmechanismen bei der thermomechanischen Behandlung - Wichtigste Einflußgrößen auf Struktur und Eigenschaften von Stählen, die der hochtemperaturthermomechanischen Behandlung unterworfen waren. Neue Hütte 18 (1973) Nr. 7, S. 414/21

65 Hlawiczka, H.: Der Einfluß einer thermomechanischen Simulationsbehandlung auf das Umwandlungs- und Rekristallisationsverhalten von Stählen. Diss. TH Aachen, 1972

66 Armstrong, B. M.: Effect of Ausforming on the Properties of Carbon Steel Wire. J. Iron Steel Inst. 202 (1964) S. 655/59; s. a. The Wire Industry (1964) Nr. 10, S. 991/98; s. a. Draht-Welt 51 (1965) Nr. 1, S. 8/12

67 Robonyi, A. u. L. Tömpe: Ötvözetlen Acélhuzalok meleghidegalakitása. Kohászati Lapok (1966) Nr. 1, S. 31/34; s. a. Hutnik (1967) Nr. 4, S. 172/76

68 Becker, J.: Einfluß einer Umformung des metastabilen Austenits auf die mechanischen Eigenschaften patentierter Stahldrähte ("Austenitformpatentieren"). Diss. TU Clausthal, 1973; s. a. Stahl u. Eisen 94 (1974) Nr. 13, S. 575/81

69 Iwata, H.: Persönliche Mitteilung anläßlich seines Besuches im Institut für Bildsame Formgebung der R-W TH Aachen, 1967

70 Geisel, H.: Grundlagen der unmittelbaren Widerstandserwärmung langgestreckter Werkstücke. Vulkan-Verlag, Essen 1967

71 Wasinger, L.: Elektrische Erwärmung im Durchzug. Elektrowärme (1938) Nr. 9, S. 240/43

72 - Vorschriftenbuch des VDE, Verlag ETZ

73 Kegel, K.: Persönliche Mitteilung, 1970

74 - Unterlagen zur Erstellung eines Bleibadofens mit elektrischer Beheizung von Firma W. Körner, Hagen

75 - Firmenprospekt der Deventer-Werke GmbH, 3572 Stadt Allendorf

76 - DIN-Taschenbuch 19: Materialprüfnormen für metallische Werkstoffe, Ausgabe 1970, Beuth-Vertrieb GmbH, Köln

77 - Firmenprospekt der Dr. Georg Maurer GmbH, 7442 Neuffen

78 Frydrych, J., A. Mazur, K. Przybylowicz u. Z. Steininger: Einfluß der Austenitisierungstemperatur auf die Zeit-Temperatur-Umwandlung bei patentierten Kohlenstoffdrähten. Draht-Welt 56 (1970) Nr. 7, S. 369/74

79 Frydrych, J., J. Krawiarz, T. Paluszkiewicz, A. Mazur, K. Przybylowicz u. Z. Steininger: Einfluß des Drahtdurchmessers auf die ZTU-Schaubilder beim Patentieren von C-Stählen. Draht-Welt 60 (1974) Nr. 4, S. 134/41

80 Blum, J.: Hartmetall-Walzen in der Walztechnik. Draht 22 (1971) Nr. 5, S. 299/304

Anhang

a) Tabellen

Tabelle 1

Chemische Zusammensetzung des Versuchsdrahtes

Stahldraht-güte	C %	Mn %	Si %	P %	S %	Cu %	Cr %
D 65-2	0,62	0,64	0,27	0,017	0,022	0,02	0,04

Charakteristische Versuchsdaten

Länge der Erhitzungsstrecke	2,0 m
Abstand Einlaufstelle des Drahtes ins Bleibad bis zum Umformkasten	0,8 m
Durchzugsgeschwindigkeit	1,0 m/s
Bleibadtemperatur	535 °C
Kastentemperatur	400 °C
Widerstandserhitzungsanlage: Spannung	85,7 V
Einlauftemperatur des Drahtes = Austenitisierungstemperatur	1099 °C
Einlaufdurchmesser des Drahtes	2,2 mm

Tabelle 2 Mechanische Eigenschaften eines entsprechend Tabelle 1 austenitformgehärteten Stahldrahtes der Güte D 65-2

Probe Nr.	$F_{0,2}$ [N]	F_{max} [N]	A_o [mm^2]	$\sigma_{0,2}$ [N/mm^2]	σ_B [N/mm^2]	ε_A [%]	δ [%]
1	2776,23	3585,56	3,32	836,21	1079,99	12,60	9,75
1a	2685,00	3624,80	3,25	826,15	1115,32	14,46	9,50
2	2795,85	3678,75	3,275	853,69	1123,28	13,80	9,15
2a	2805,66	3664,04	3,325	843,81	1101,97	12,50	9,85
2b	2825,28	3713,09	3,35	843,37	1108,39	11,84	10,12
3	2844,90	3933,81	3,425	830,63	1148,56	9,87	10,05
4	2997,00	3938,72	3,437	871,98	1145,98	9,54	9,85
5	2972,43	3924,00	3,437	864,83	1141,69	9,54	9,20
6	2943,00	3924,00	3,45	853,04	1137,39	9,20	9,75
7	2893,95	3924,00	3,445	840,04	1139,04	9,08	9,63
8	2668,32	3482,55	3,55	751,64	981,00	6,56	9,20
9	2550,6	3531,60	3,55	718,48	994,82	6,56	10,28
10	2550,6	3531,60	3,525	723,57	1001,87	7,23	10,42
11	2511,36	3531,60	3,5	717,53	1009,03	7,90	11,10
12	2526,08	3511,98	3,55	711,57	989,29	6,56	9,70
13	2452,50	3521,79	3,525	695,74	999,09	7,23	9,92
14	2501,55	3541,41	3,525	709,66	1004,66	7,23	10,42
15	2501,55	3531,60	3,575	699,73	987,86	5,93	10,18
16	2535,89	3541,41	3,55	714,34	997,58	6,56	10,52
17	2506,46	3482,55	3,6	696,24	967,38	5,25	10,37
18	3024,42	3619,89	3,66	828,61	991,75	3,94	8,43
19	2820,38	3482,55	3,625	778,04	960,70	4,59	7,88
20	3909,29	4669,56	3,7	1056,56	1262,04	2,62	5,41

Tabelle 3 Mechanische Eigenschaften eines kaltgewalzten Stahldrahtes der Güte D 65-2; Ausgangsmaterial entsprechend Tabelle 2, Nr. 12 und Nr. 13

Probe Nr.	$F_{0,2}$ [N]	F_{max} [N]	A_o [mm^2]	$\sigma_{0,2}$ [N/mm^2]	σ_B [N/mm^2]	ε_A [%]	δ [%]
12/1	3090,15	3977,96	3,4	908,87	1169,99	10,50	7,30
12/2	3310,88	4027,00	3,35	988,32	1202,09	11,80	5,80
13/1	3188,25	4041,72	3,375	944,67	1197,55	11,20	6,20
13/2	3352,08	4071,15	3,225	1039,40	1262,37	15,10	5,70

Tabelle 4 Zugfestigkeiten nach dem Austenitformhärten von Stahldraht der Güte D 65-2 mit ca. 1,0 mm Ausgangsdurchmesser

Versuch Nr.	Widerstands-erhitzung [V]	Bleibad-temp. [°C]	Kasten-temp. [°C]	Quer-schn.Abn. ε_A [%]	Zugfe-stigk. σ_B [N/mm^2]
1	90	500	410	1,1	821,10
2	90	460	370	18,09	1151,69
3	93	455	360	29,28	1173,28
4	89	455	370	14,50	1045,75
5	92	495	380	13,95	1058,50
6	90	500	405	19,75	1097,74
7	90	540	435	14,23	1018,28

b) Bilder

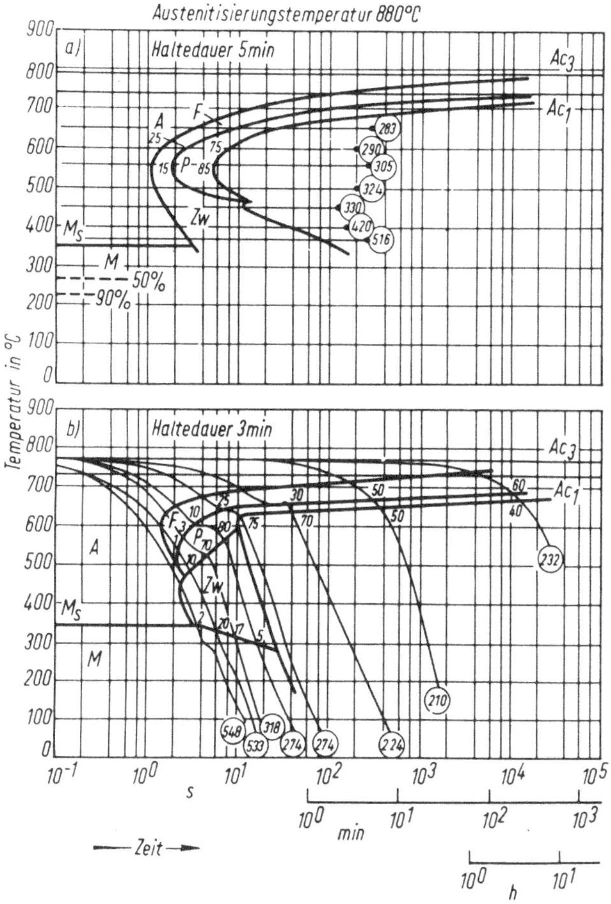

Bild 1:

a) Isothermes und
b) kontinuierliches
ZTU-Schaubild der
Stahldrahtsorte
D 45-2 nach E. Naumann [1]

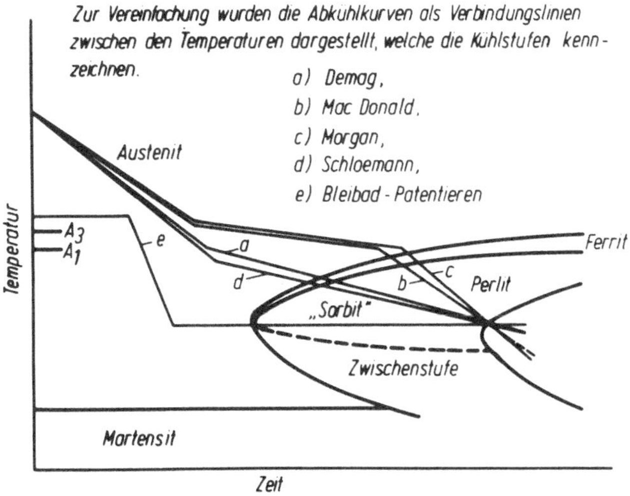

c) Schematische Darstellung der Abkühlkurven im ZTU-Schaubild für isotherme Umwandlung eines unlegierten Stahles (Draht von 5,5 mm Ø) bei verschiedenen Drahtkühlanlagen nach E. Jaenichen [2]

Bild 2: Durchlaufpatentieranlage mit Ofenheizung nach E. Tobeitz [6]

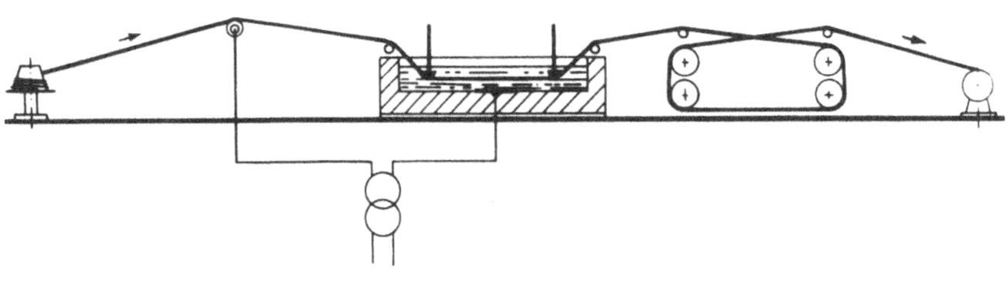

Bild 3: Durchlaufpatentieranlage mit elektrischer Widerstandserhitzung nach K. Zankel [9]

1. Kontakt: Kontaktrolle

2. Kontakt: Bleibad

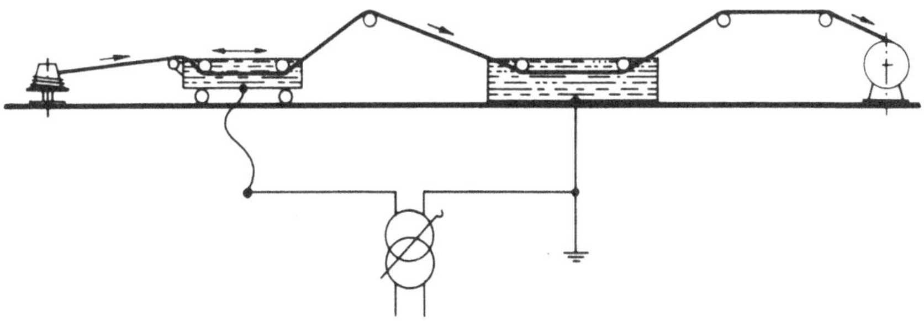

Bild 4: Durchlaufpatentieranlage mit elektrischer Widerstandserhitzungsanlage nach F. Greis [10]

1. Kontakt: verschiebbares Bleibad

2. Kontakt: Bleibad

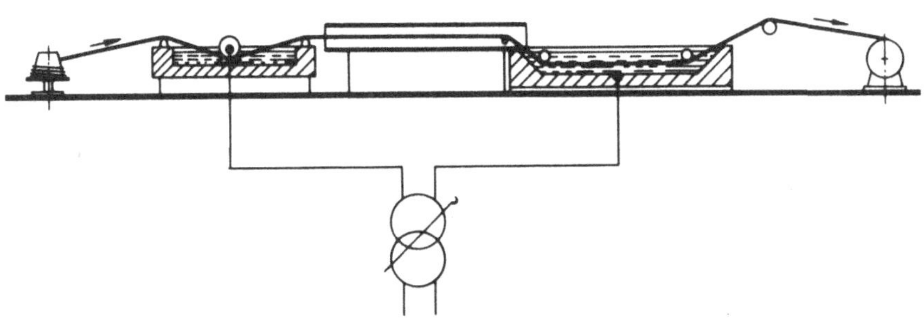

Bild 5: Durchlaufpatentieranlage mit elektrischer Widerstandserhitzung nach J. E. Kontorowitsch und Mitarbeiter [11]

1. Kontakt: Kontaktrolle im Laugenbad

2. Kontakt: Natriumnitratschmelze

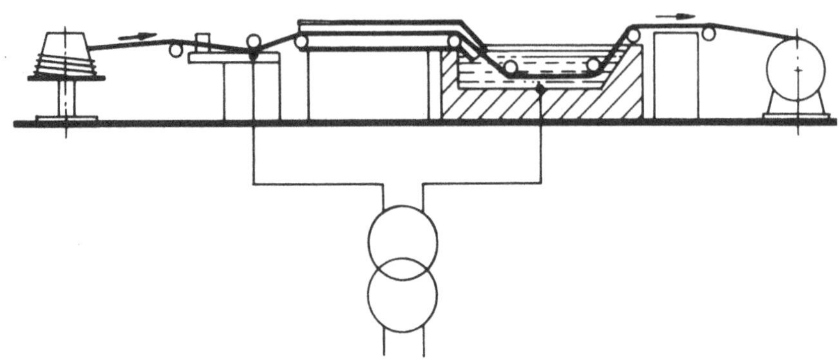

Bild 6: Durchlaufpatentieranlage mit elektrischer Widerstandserhitzung nach L. A. Krasilnikov und A. G. Lysenko [12]

1. Kontakt: kalter Kontakt

2. Kontakt: Bleibad

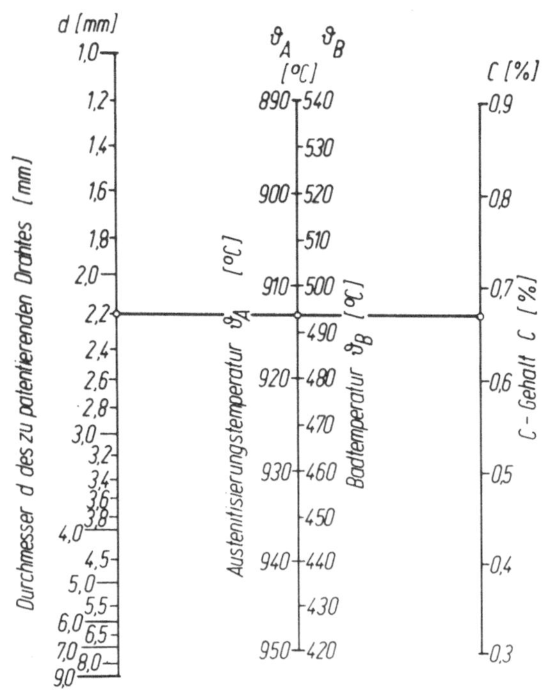

Bild 7: Nomogramm zur Berechnung technologischer Parameter beim Patentieren von Stahldraht nach V. P. Ivanov und Mitarbeiter [18]

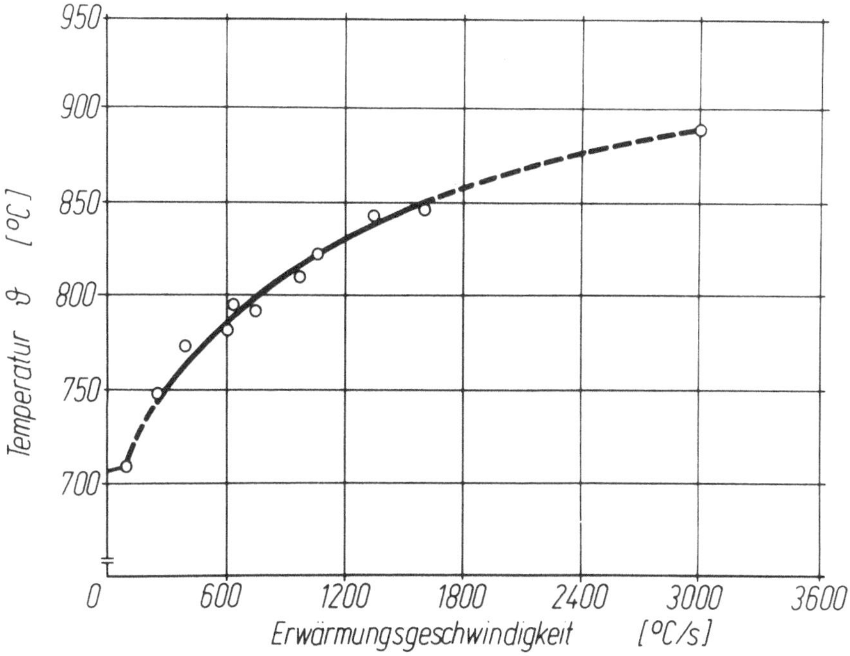

Bild 8: Einfluß der Erhitzungsgeschwindigkeit auf die Perlit-Austenit-Umwandlung eines vergüteten Stahles mit 0,54 % Kohlenstoff nach W. Eilender und R. Mintrop [21]

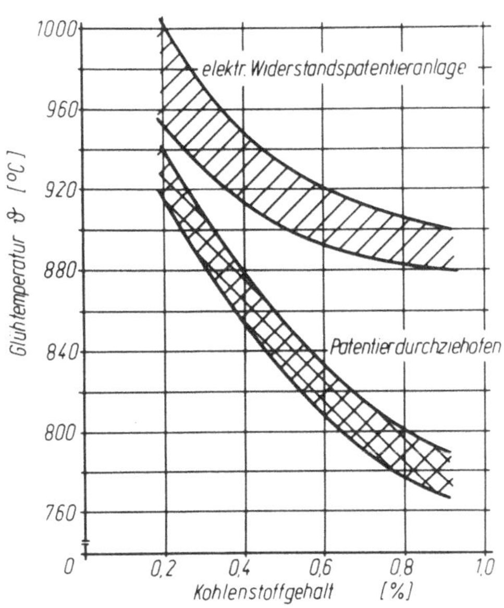

Bild 9: Abhängigkeit der Austenitisierungstemperatur beim Patentieren vom Kohlenstoffgehalt bei verschiedenen Erhitzungsgeschwindigkeiten nach U. Kentner [22]

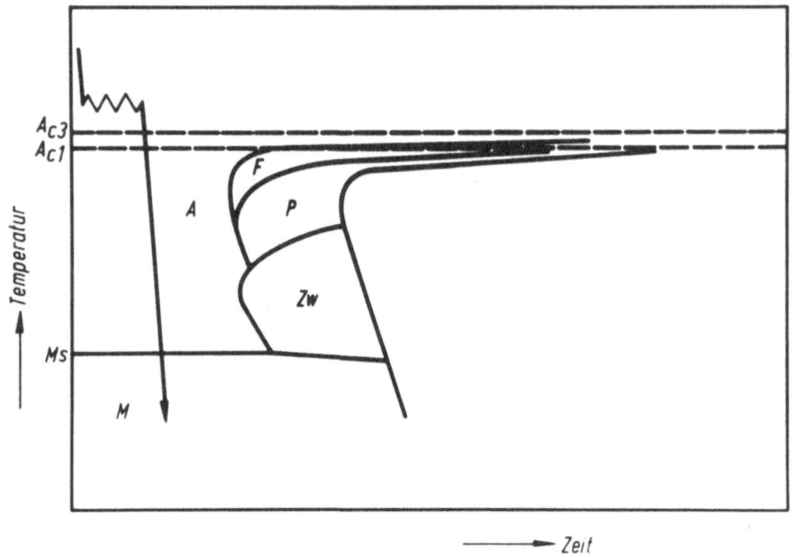

Bild 10: Umformung oberhalb A_3 mit anschließender kontinuierlicher Abkühlung (H.T.M.T.)

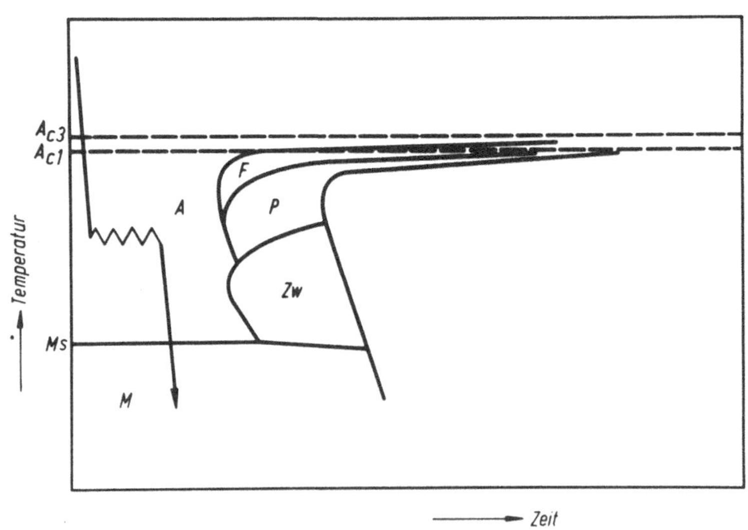

Bild 11: Umformung im Gebiet des metastabilen Austenits mit anschließender kontinuierlicher Abkühlung und Martensitbildung

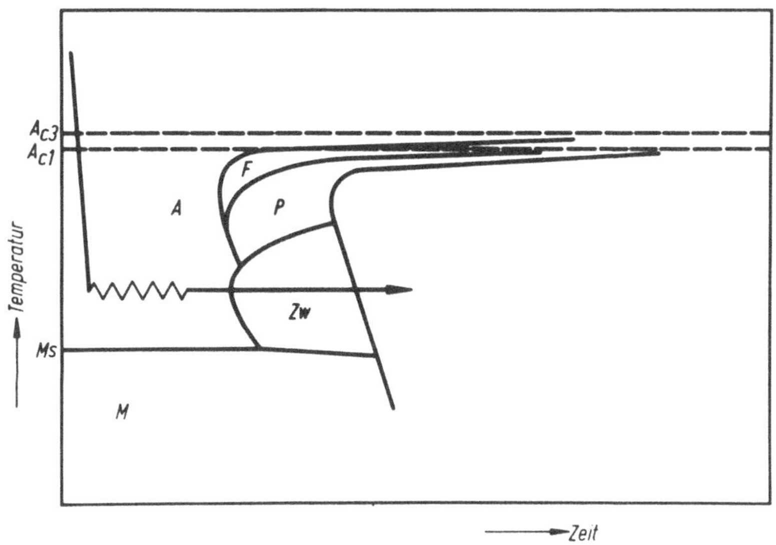

Bild 12: Umformung im Gebiet des metastabilen Austenits mit anschließendem isothermen Halten und Zwischenstufenumwandlung

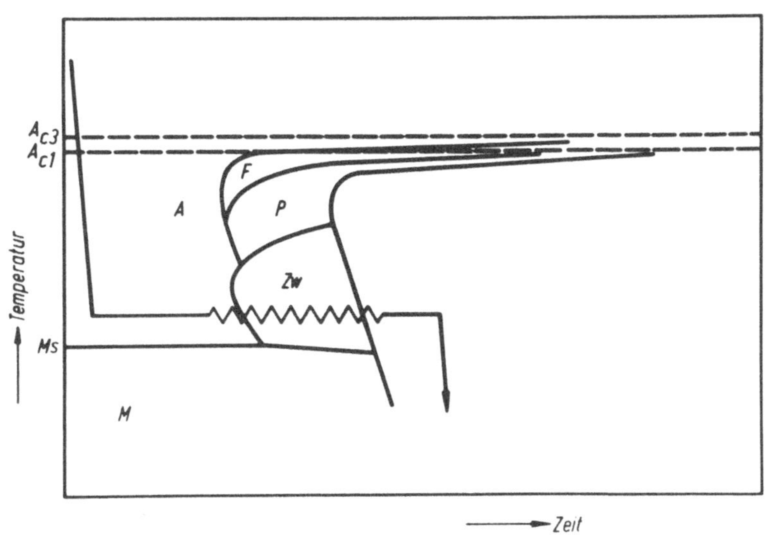

Bild 13: Umformung und isothermes Halten vor, während und nach der Zwischenstufenumwandlung

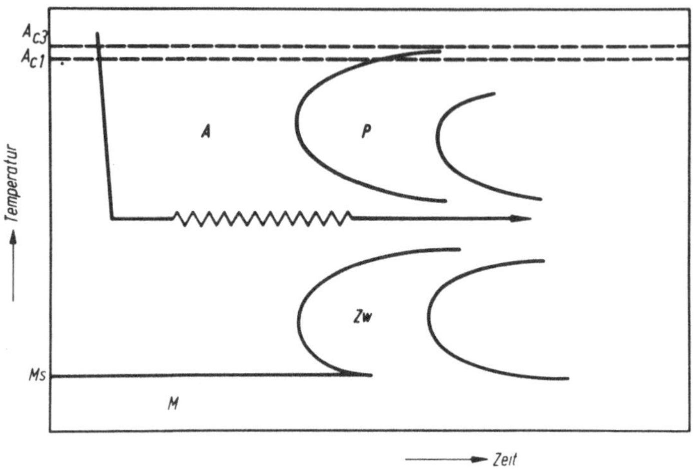

Bild 14: Umformung im Bereich des stabilen Austenits (höher legierte Stähle)

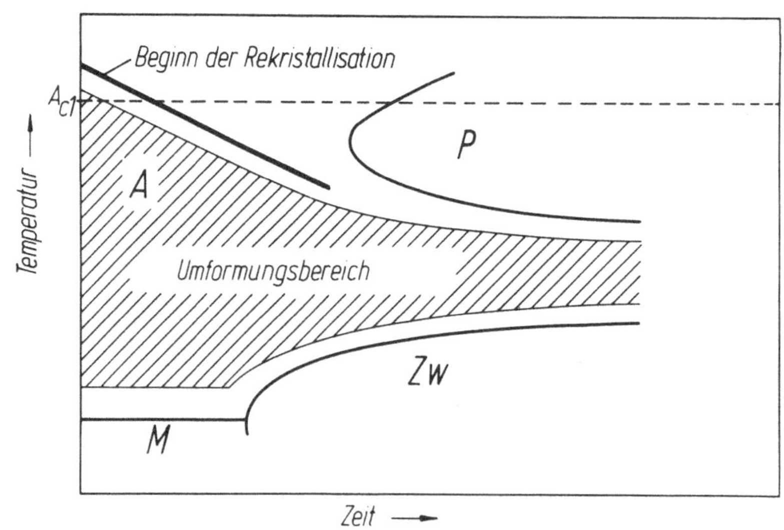

Bild 15: Schematische Darstellung des für die Austenitformhärtung in Betracht kommenden Bereichs im isothermen Zeit-Temperatur-Umwandlungsschaubild nach [25]

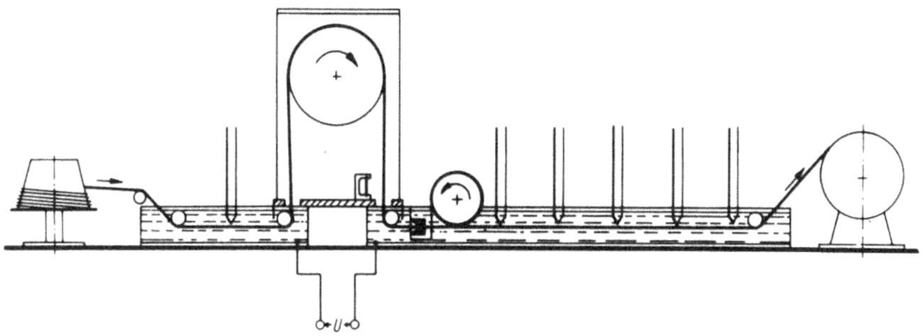

Bild 16: Anordnung einer Versuchsanlage zum Austenitformhärten von unlegiertem Stahldraht nach B. M. Armstrong [66]

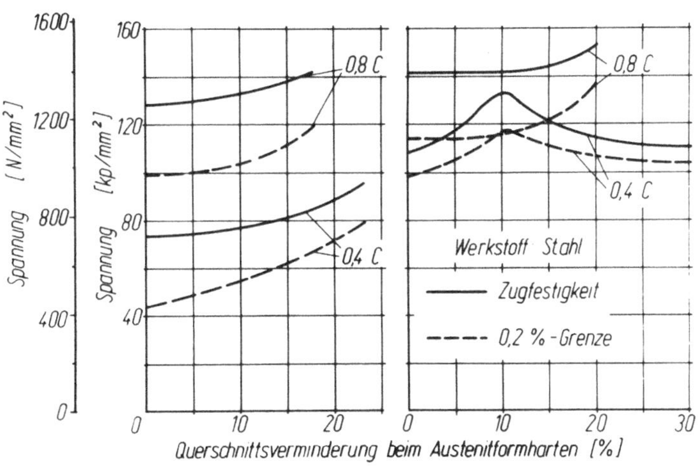

Bild 17: Einfluß der Querschnittsverminderung beim Austenitformhärten auf die Zugfestigkeitswerte von Stahldraht, bei 540 °C (links) und 450 °C (rechts) gezogen und umgewandelt nach B. M. Amrstrong [66]

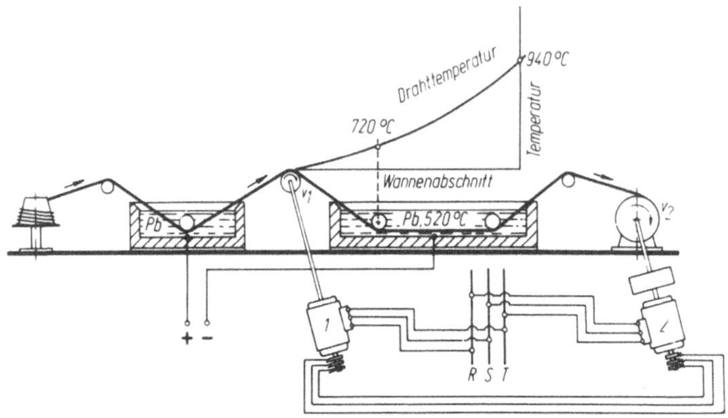

Bild 18: Anordnung einer Versuchsanlage zum Austenitformhärten von unlegiertem Stahldraht nach A. Robonyi und L. Tömpe [67]

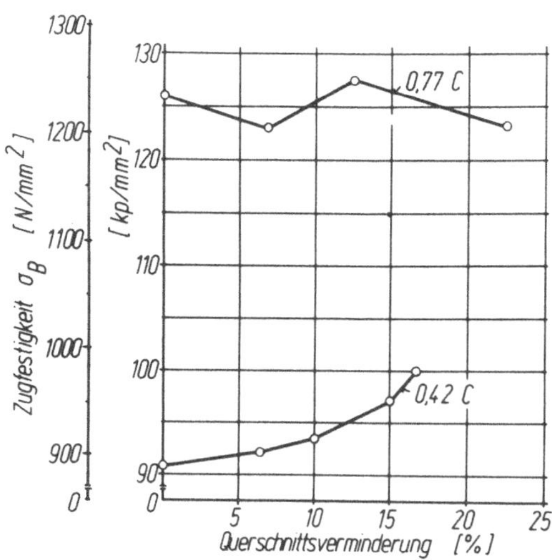

Bild 19: Einfluß der Querschnittsverminderung beim Austenitformhärten auf die Zugfestigkeitswerte von Stahldraht nach A. Robonyi und L. Tömpe [67]

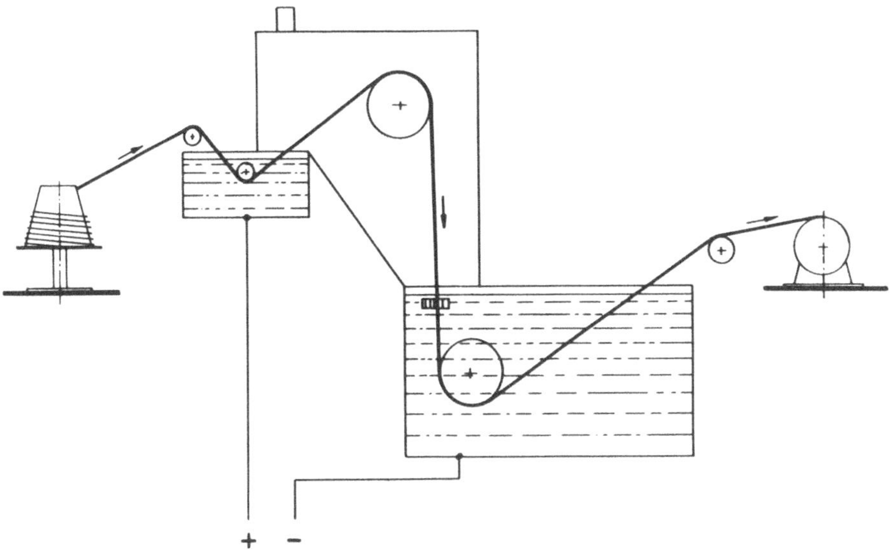

Bild 20: Vorschlag einer Versuchsanlage zum Austenitformhärten von unlegiertem Stahldraht nach A. Robonyi und L. Tömpe [67]

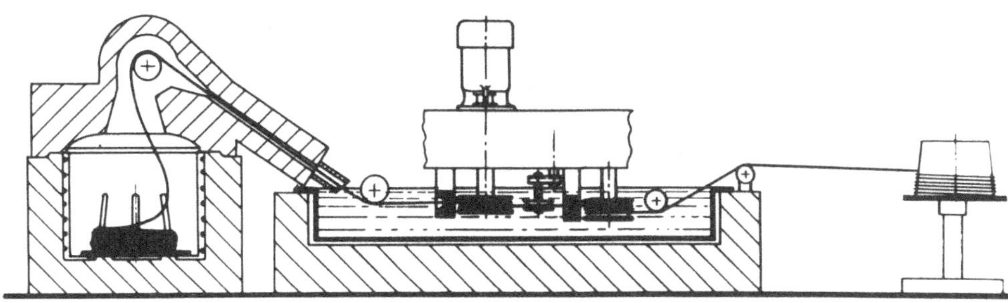

Bild 21: Anordnung einer Versuchsanlage zum Austenitformhärten von unlegiertem Stahldraht nach J. Becker [68]

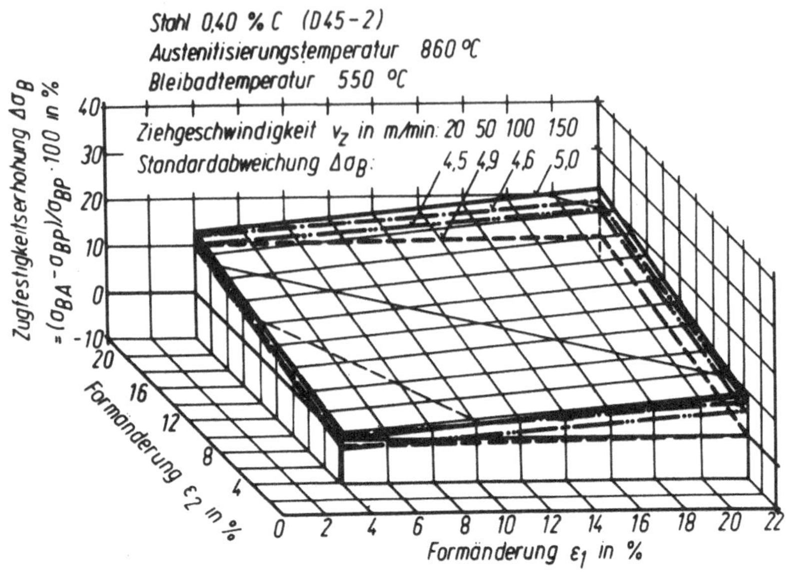

Bild 22: Zugfestigkeitserhöhung des austenitformpatentierten Stahldrahtes D 45-2 in Abhängigkeit von den Formänderungen im Bleibad bei verschiedenen Ziehgeschwindigkeiten nach J. Becker [68]

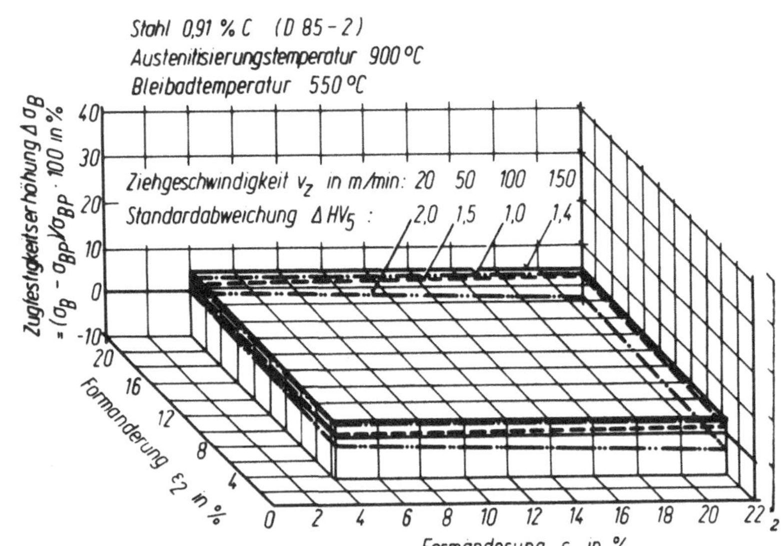

Bild 23: Zugfestigkeitserhöhung des austenitformpatentierten Stahldrahtes D 85-2 in Abhängigkeit von den Formänderungen im Bleibad bei verschiedenen Ziehgeschwindigkeiten nach J. Becker [68]

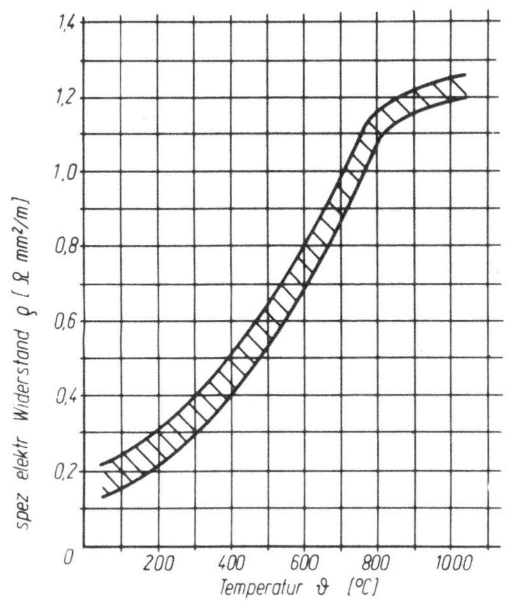

Bild 24:

Elektrischer Widerstand von Stahl in Abhängigkeit von der Temperatur nach G. Thieme [14]

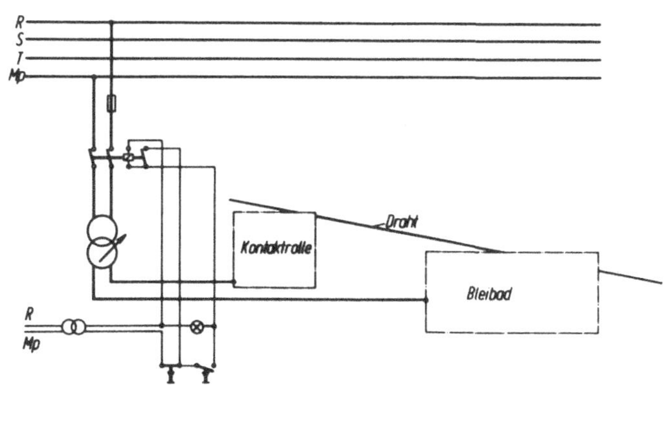

Bild 25: Schaltplan der elektrischen Widerstandserhitzungsanlage

1. Kontakt: Kontaktrolle bzw. Schleifkontakt

2. Kontakt: Bleibad

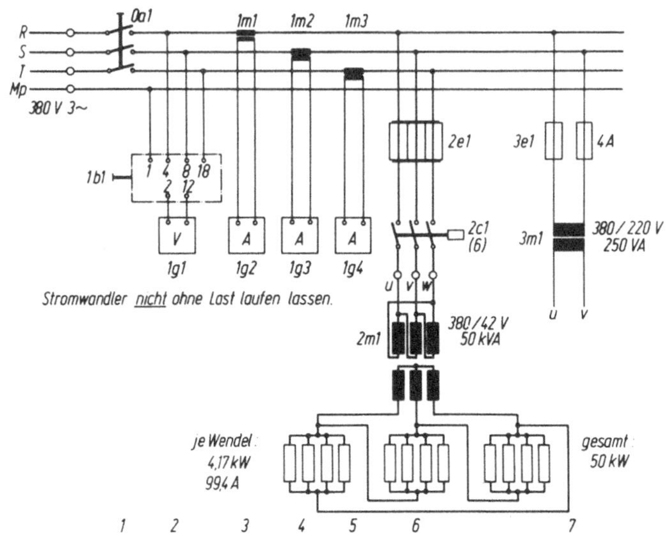

Bild 26: Schaltplan der Bleibadbeheizung nach Firma W. Körner [74], Hagen

Bild 27: Seitliche Beheizung des Bleibadofens

Bild 28: Thermoelement zur Überwachung der Heizwendeltemperatur

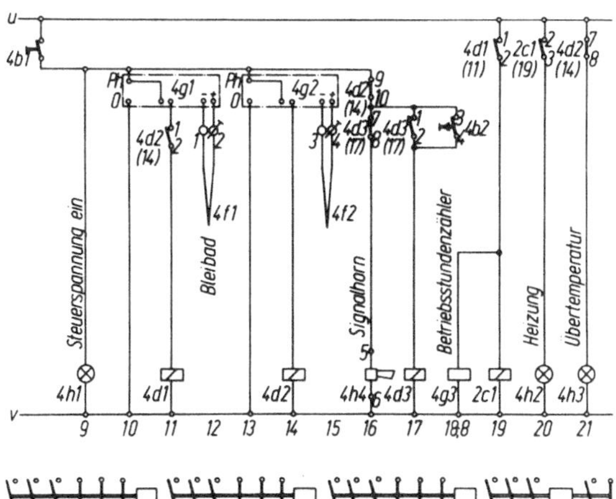

Bild 29: Meß- und Regeleinrichtung des Bleibadofens

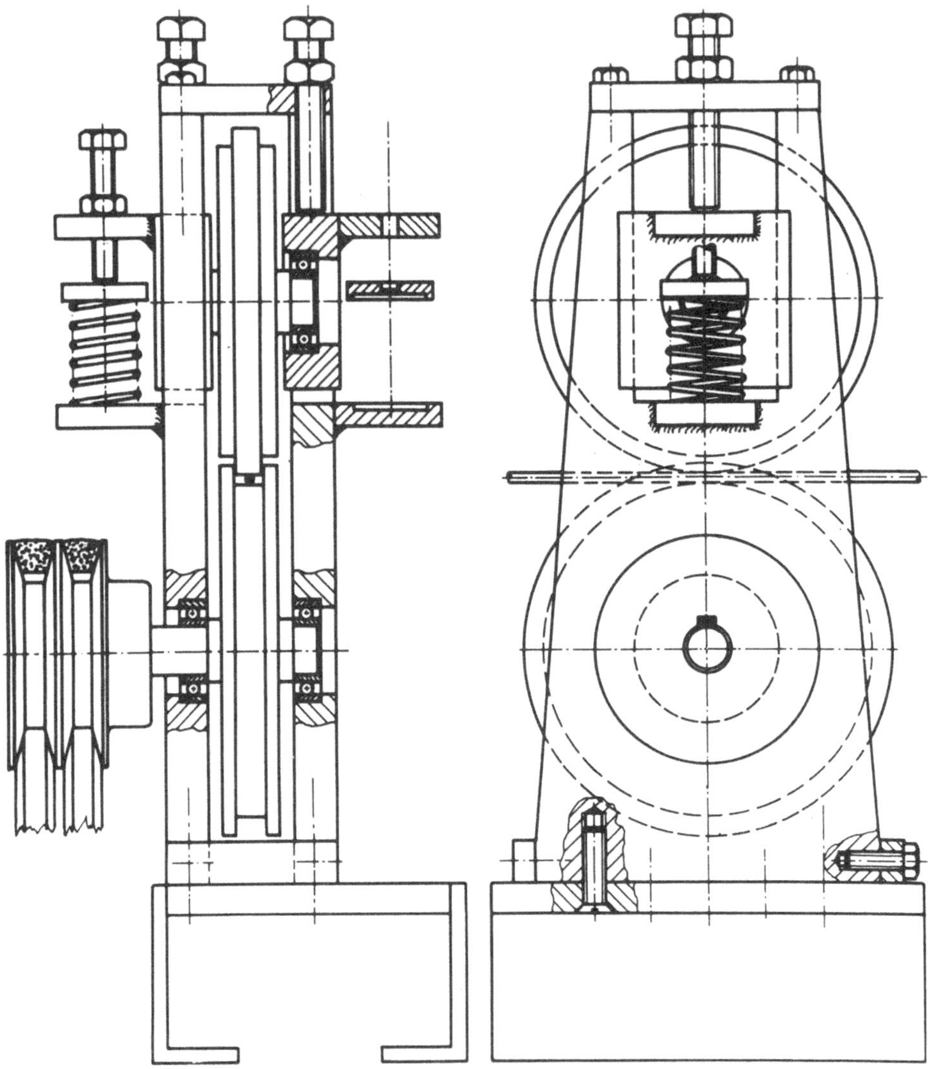

<u>Bild 30:</u> der- und Seitenansicht der Abzugsvorrichtung

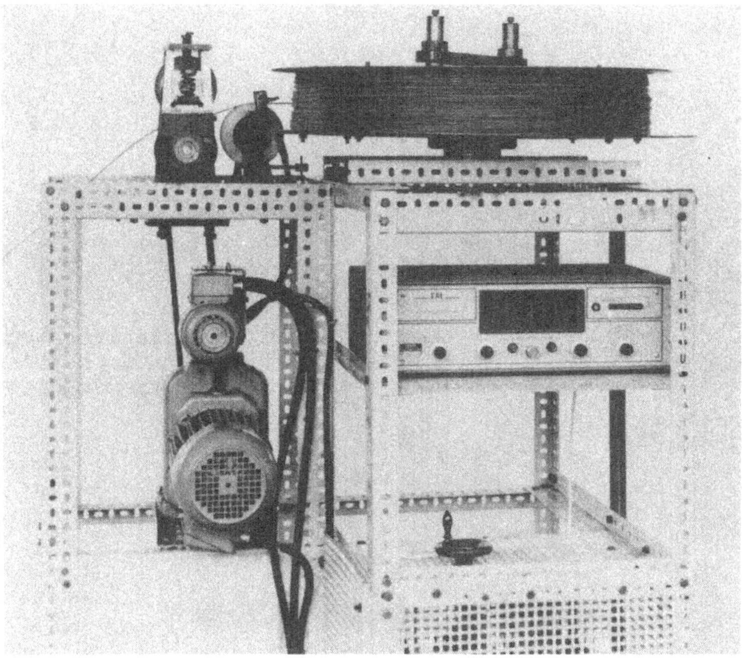

Bild 31: Seitenansicht der Ablaufvorrichtung mit erstem Kontakt der elektrischen Widerstandserhitzungsstrecke

Bild 32: Seitenansicht der Ablaufvorrichtung mit erstem Kontakt der elektrischen Widerstandserhitzungsstrecke

Bild 33:

Auflaufvorrichtung mit Geschwindigkeitsausgleich

Bild 34: Gesamtansicht der Widerstandspatentieranlage

Bild 35: Einzelteile eines Walzgerüstes

Bild 36: Teilmontiertes Walzgerüst

Legende zu den Bildern 37 und 38

1 Ablaufkrone

2 1. Kontakt der Widerstandserhitzungsstrecke (Messingschleifkontakt)

3 Abzugseinrichtung (Treiber)

4 Antriebsmotor des Treibers

5 Widerstandserhitzungsstrecke

6 Bleibad, gleichzeitig 2. Kontakt der Widerstandserhitzungsstrecke

7 Einphasentransformator der Widerstandserhitzung (0 bis 220 Volt stufenlos einstellbar)

8 Digitalvoltmeter zur Messung der Sekundärspannung des Transformators

9 Isolationsschicht (Vermiculite) zur Abdeckung der Bleischmelze

10 Elektrischer Anschluß des Transformators am Bleibad

11 Niederhalter für den Draht im Bleibad

12 Umformapparatur (Walzgerüste)

13 Umformkasten, der die Walzgerüste gegen das Blei schützt

14 Führungsrolle für den Draht

15 Bleiabstreifer

16 Gestell für Tänzerrolle

17 Tänzerrolle zur Geschwindigkeitskorrektur

18 Auflaufhaspel

19 Antriebsmotor des Auflaufhaspels

20 Vorderer Totkasten des Umformkastens

21 Düse am Drahteinlauf aus dem Bleibad in den Umformkasten

22 Hinterer Totkasten des Umformkastens

23 Düse am Drahtaustritt aus dem Umformkasten in das Bleibad

24 Bleibadablaßschrauben für in die Totkästen eingedrungenes Blei

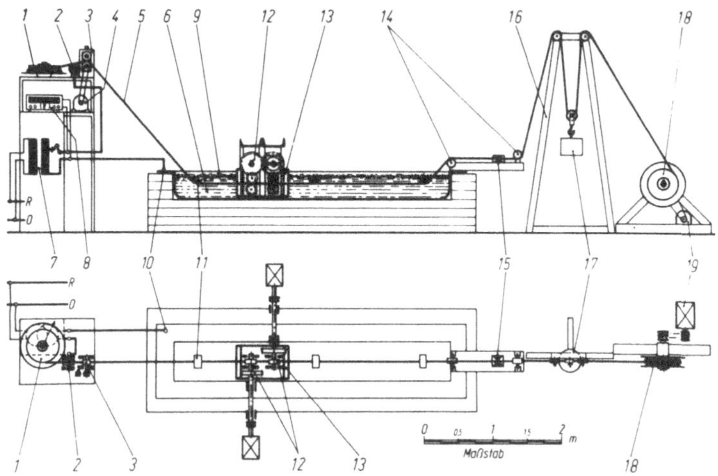

Bild 37: Anordnung einer Versuchsanlage zum Austenitformhärten von unlegiertem Stahldraht (Seiten- und Draufsicht)

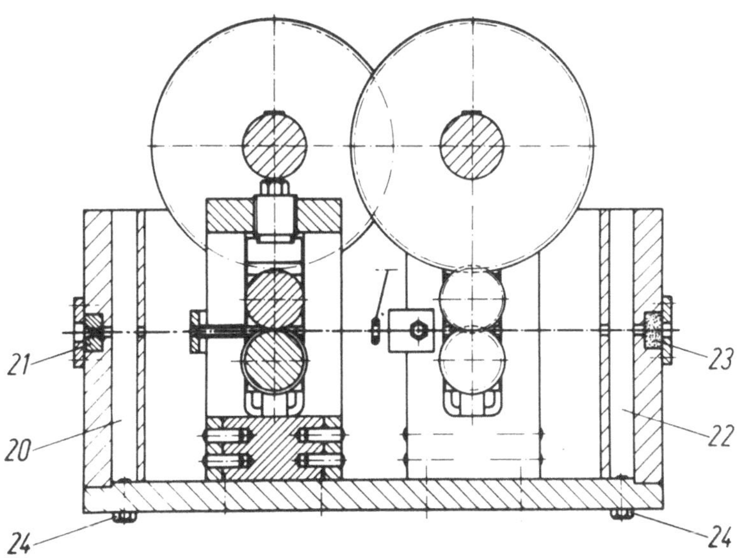

Bild 38: Umformapparatur mit Umformkasten (bei Horizontalanordnung beider Walzgerüste - Längsschnitt)

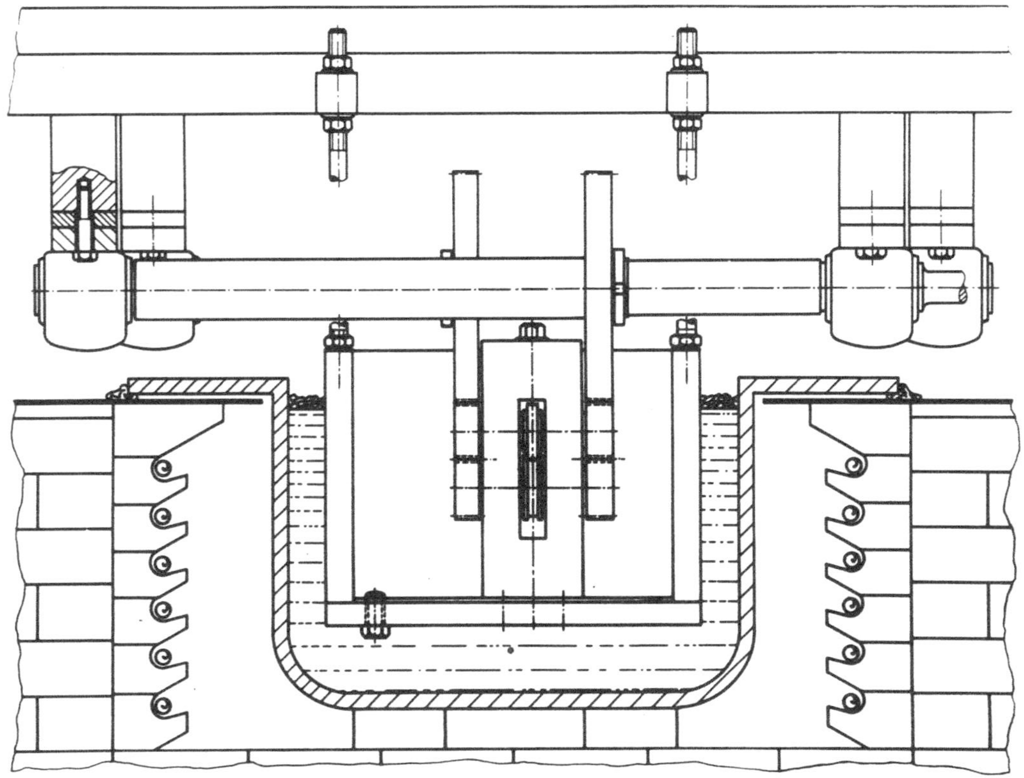

Bild 39:

Gleiche Anordnung wie Bild 38 (Querschnitt)

Bild 40: Umformapparatur und Umformkasten bei Horizontalanordnung beider Walzgerüste

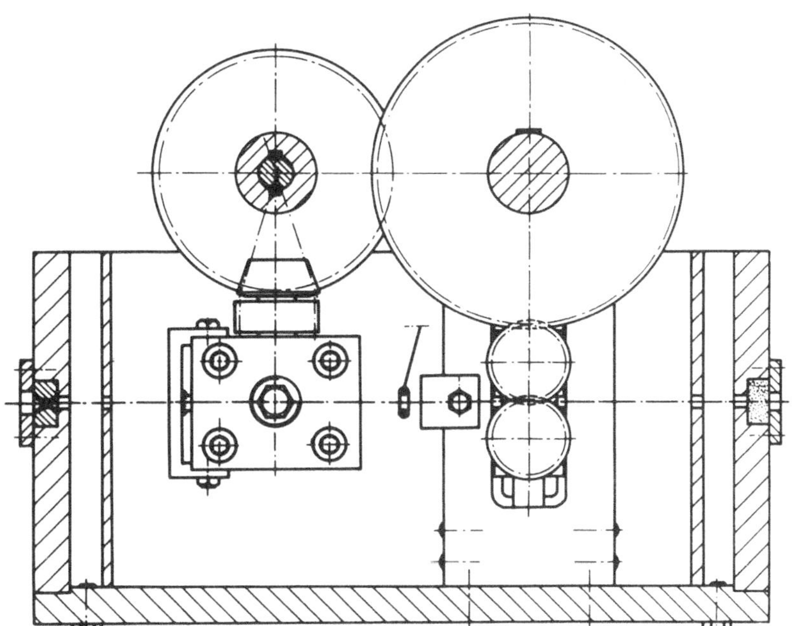

Bild 41: Umformapparatur mit Umformkasten bei Vertikal-Horizontal-Anordnung der Walzgerüste (Längsschnitt)

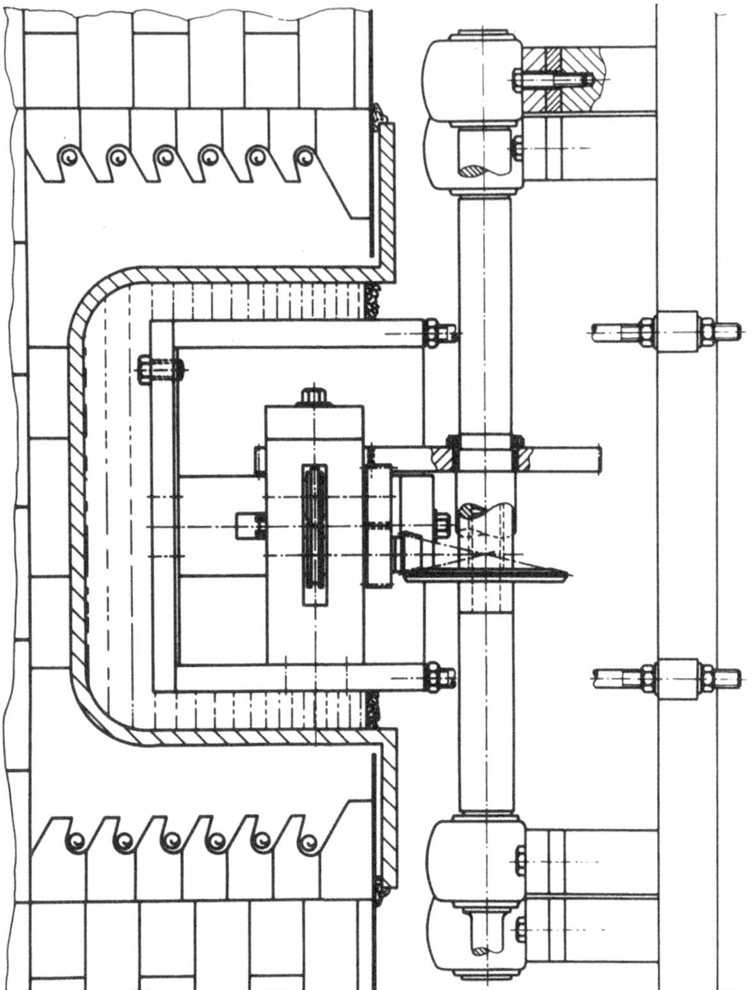

Bild 42: Gleiche Anordnung wie Bild 41 (Querschnitt)

Bild 43: Umformapparatur und Umformkasten bei Vertikal-Horizontal-Anordnung

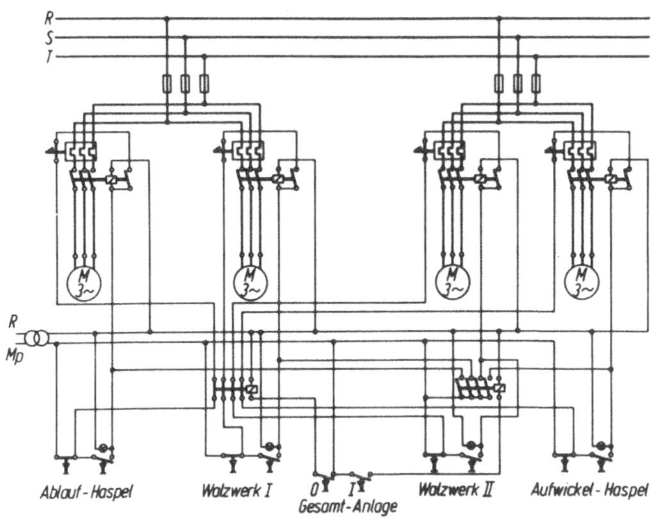

Bild 44: Schaltplan der Antriebsmotoren

Bild 45: Bleibad mit aufgebockter Umformapparatur

Bild 46: Bleibad mit zum Aufheizen abgesenkter Umformapparatur

Bild 47: Bleibad mit Umformapparatur in Arbeitsstellung

Bild 48: Schaltschrank der Gesamtanlage

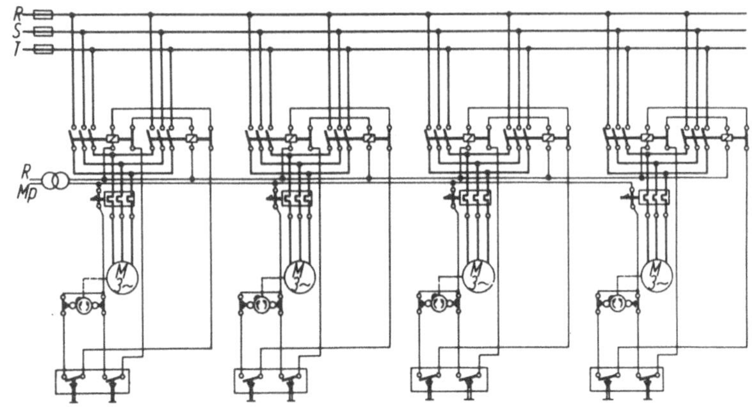

Servomotoren für Hauptantriebe

<u>Bild 49:</u> Schaltplan der Servomotoren für die Walzwerks- und Haspelantriebe

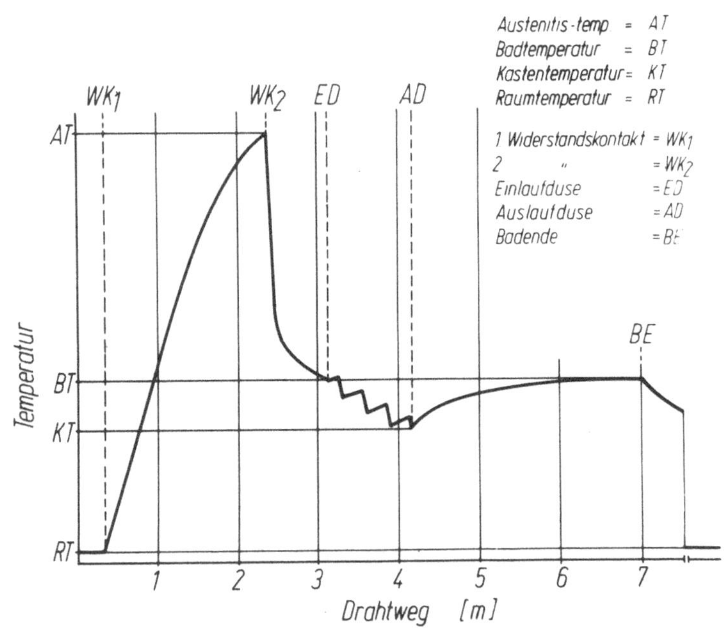

<u>Bild 50:</u> Schematische Darstellung des Temperaturverlaufes bei Durchlauf eines Drahtes durch die Anlage zum Austenitformhärten

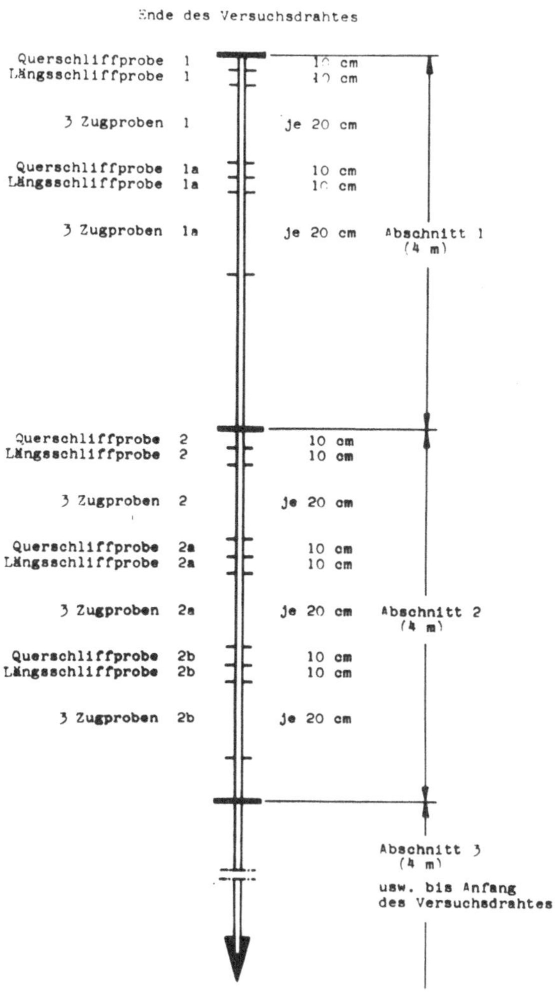

Bild 51: Lageplan der zur Versuchsauswertung aus der Drahtader entnommenen Proben

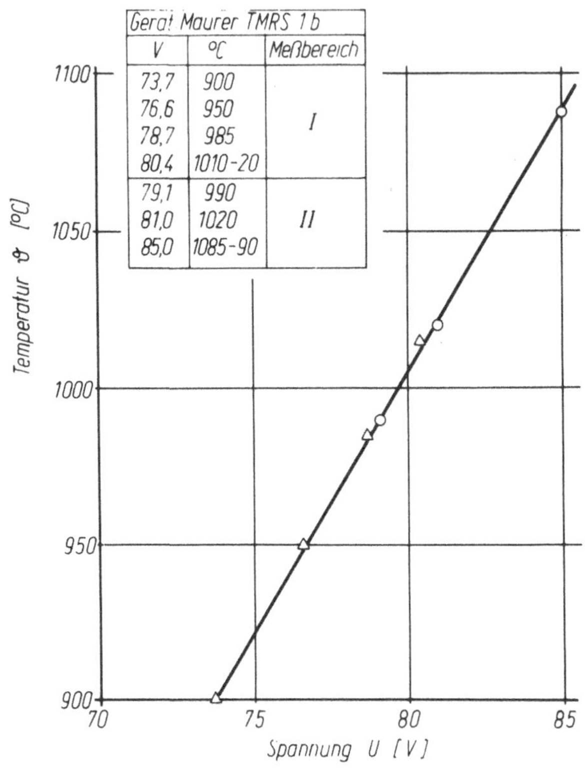

Gerät Maurer TMRS 1b		
V	°C	Meßbereich
73,7	900	I
76,6	950	
78,7	985	
80,4	1010-20	
79,1	990	II
81,0	1020	
85,0	1085-90	

Bild 52: Austenitisierungstemperatur in Abhängigkeit von der Spannung der Widerstandserhitzungsanlage, aufgenommen für Draht der Güte D 65-2 mit 2,2 mm Durchmesser bei einer Erhitzungsstrecke von 2 m und einer Durchzugsgeschwindigkeit von 1,0 m/s

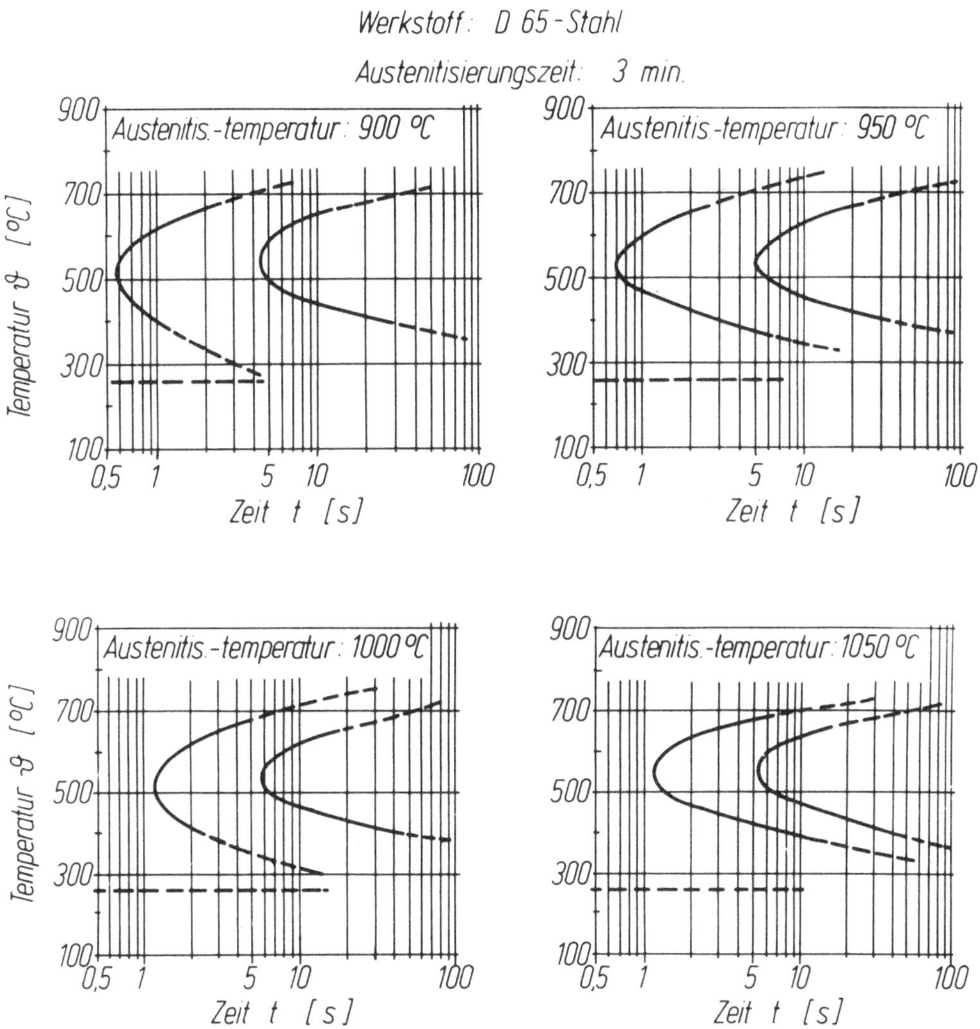

Bild 53: Einfluß der Austenitisierungstemperatur auf das Zeit-Temperatur-Umwandlungsverhalten für Stahl der Güte D 65 nach J. Frydrych und Mitarbeiter [78]

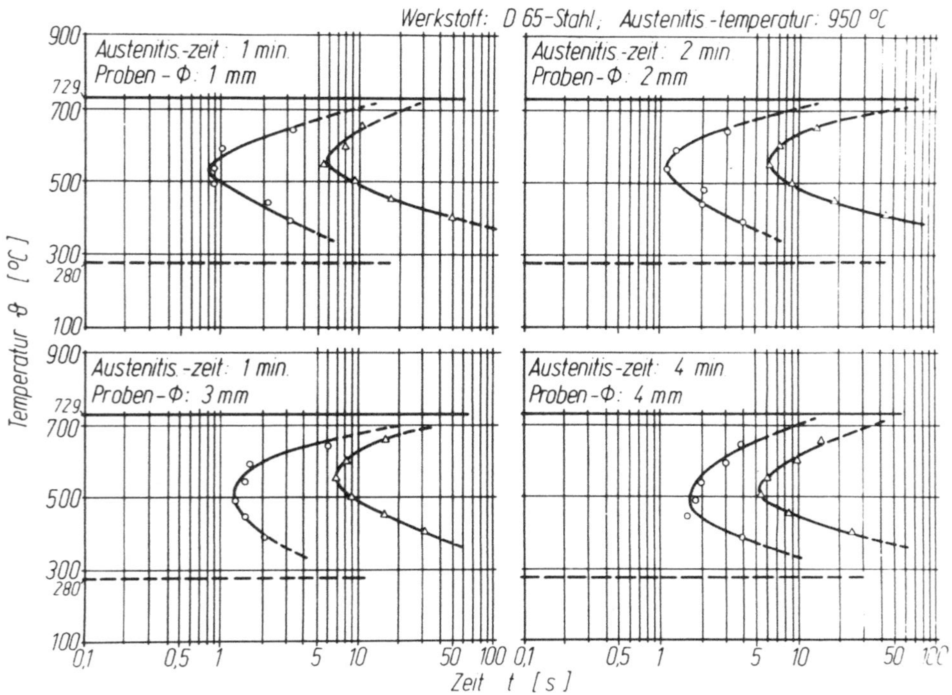

Bild 54:

Einfluß des Drahtdurchmessers auf das Zeit-Temperatur-Umwandlungsverhalten für Stahl der Güte D 65 nach J. Frydrych und Mitarbeiter [79]

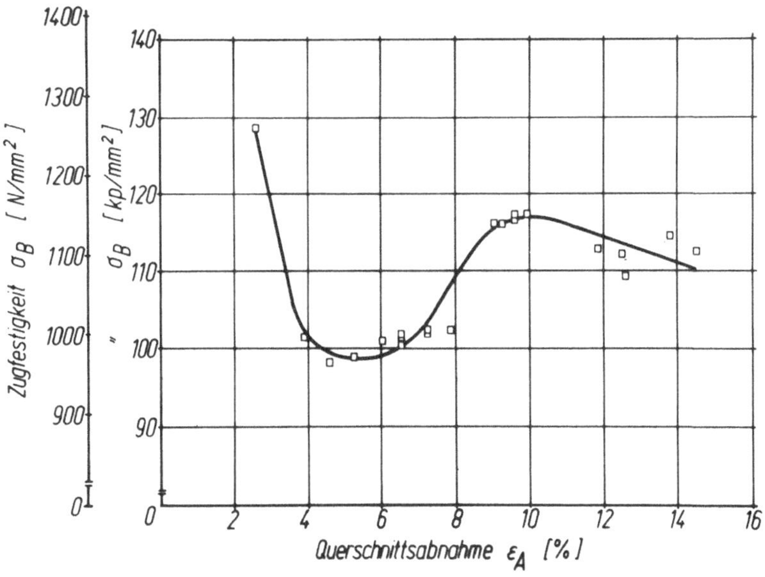

Bild 55: Zugfestigkeit des austenitformgehärteten Schmalbandes in Abhängigkeit von der Gesamtquerschnittsabnahme (zum linken abfallenden Kurvenast s. Text Seite 26/27)

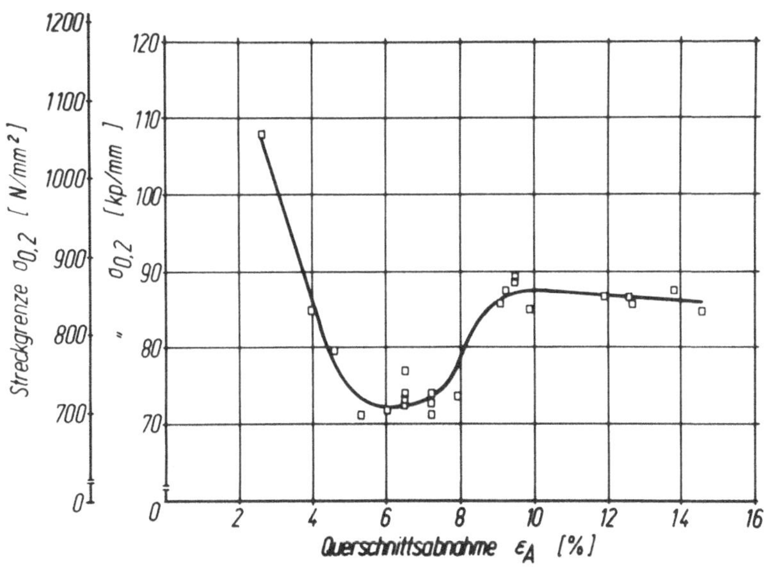

Bild 56: Streckgrenze des austenitformgehärteten Schmalbandes in Abhängigkeit von der Gesamtquerschnittsabnahme (zum linken abfallenden Kurvenast s. Text Seite 26/27)

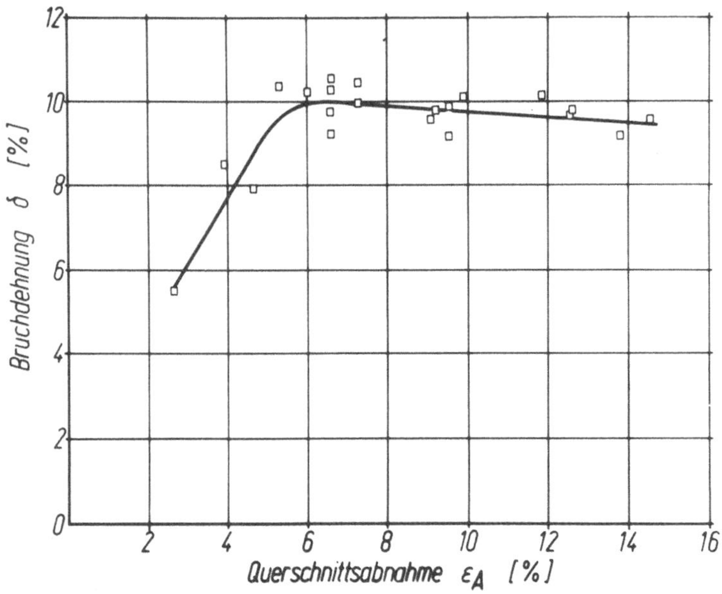

Bild 57: Dehnung des austenitformgehärteten Schmalbandes in Abhängigkeit von der Gesamtquerschnittsabnahme (zum linken ansteigenden Kurvenast s. Text Seite 26/27)

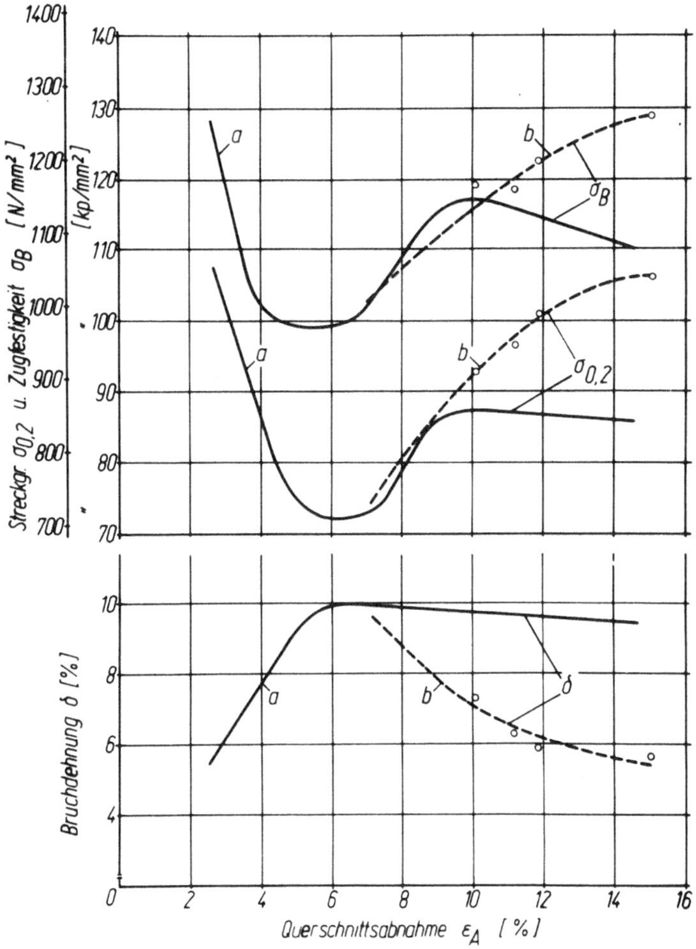

Bild 58: Zugfestigkeit, Streckgrenze und Dehnung a) eines austenitformgehärteten und b) eines kaltgewalzten (gestrichelte Kurven) Schmalbandes in Abhängigkeit von der Gesamtquerschnittsabnahme

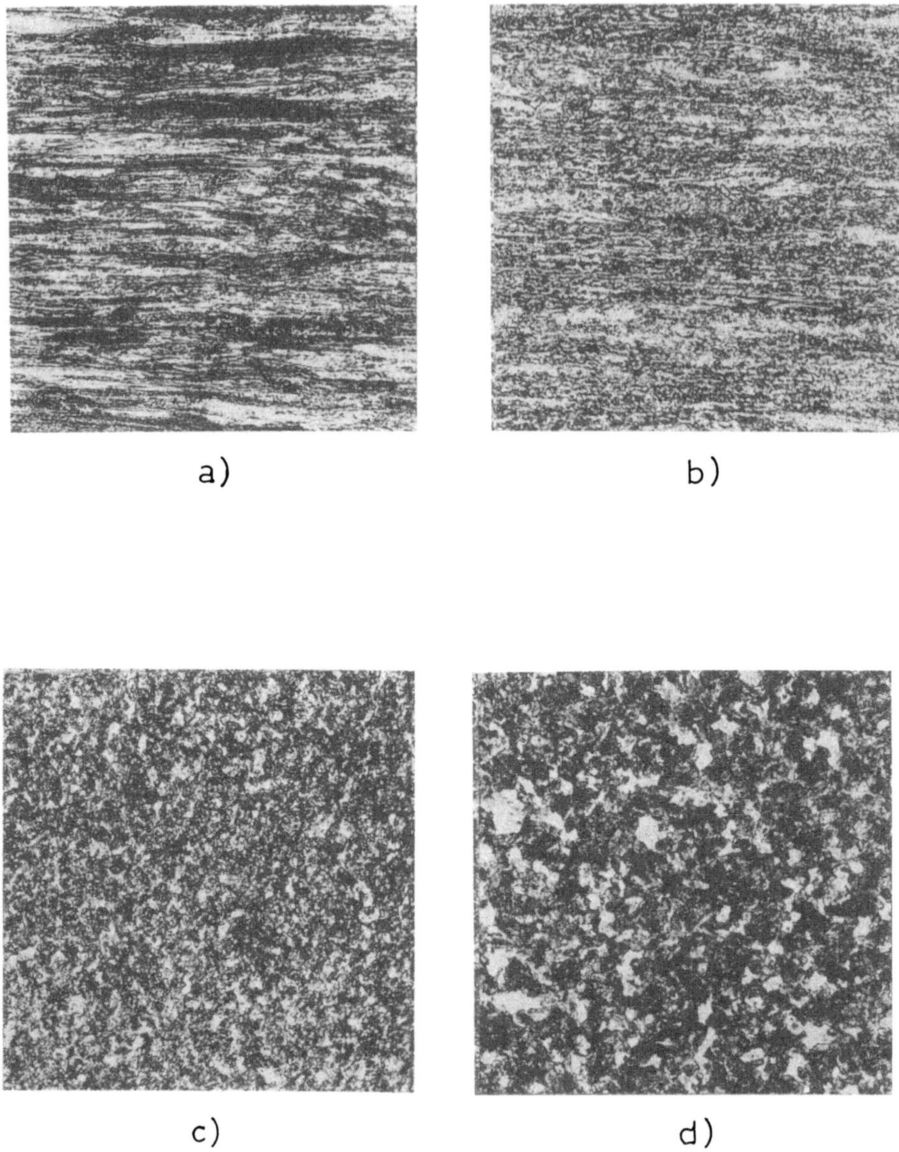

Bild 59 a - d: Fortschreitende Auflösung des Gefüges durch einsetzende Austenitisierung (Längsschliffe)

Vergrößerung 500 : 1

0 50
µm

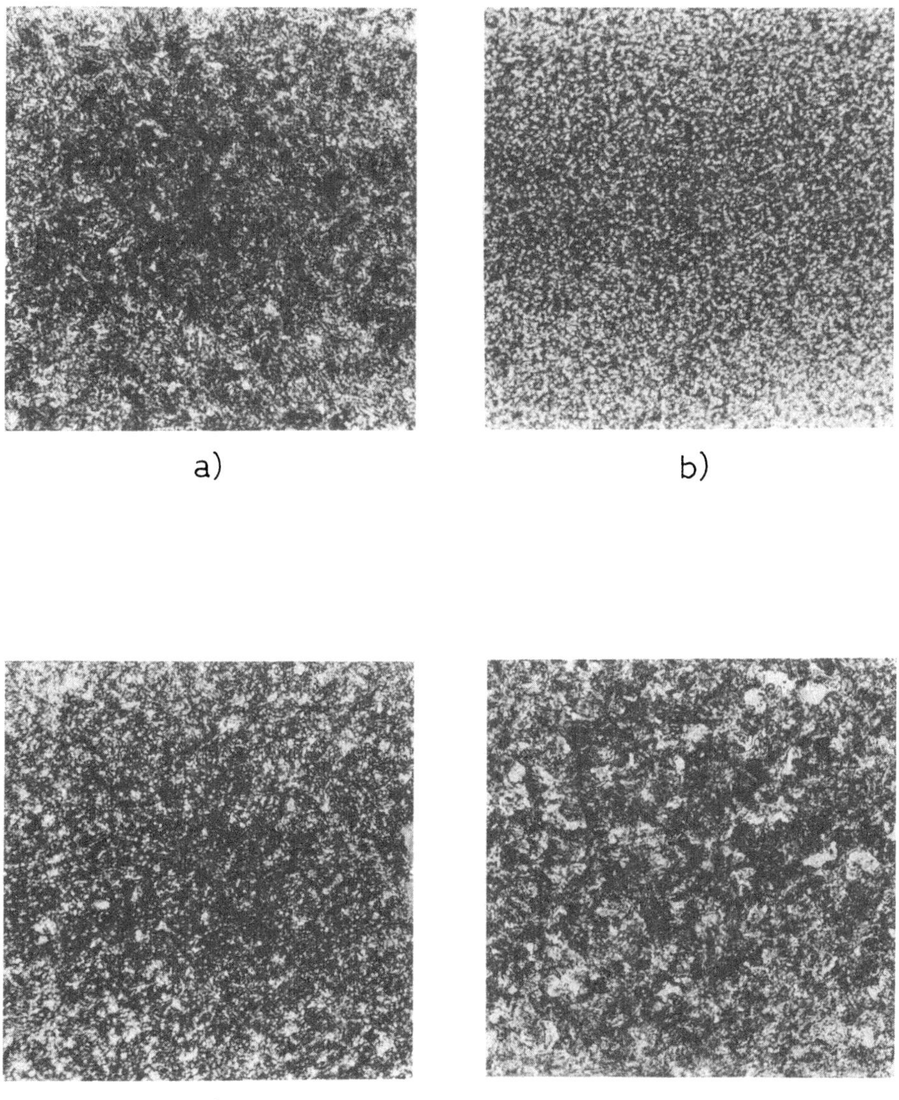

Bild 60 a - d: Fortschreitende Auflösung des Gefüges durch einsetzende Austenitisierung (Querschliffe)

Vergrößerung 500 : 1

0 50 µm

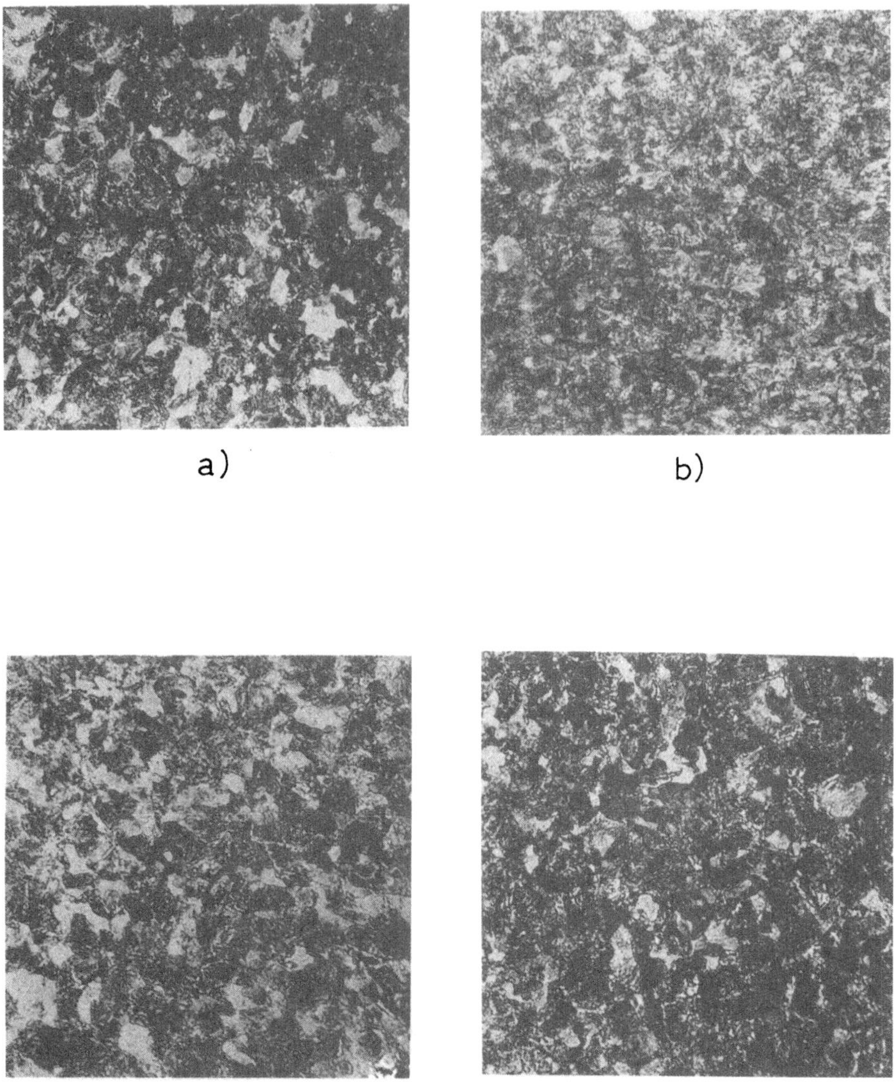

a) b)

c) d)

<u>Bild 61 a - d:</u> Gefügeveränderung (Längsschliffe) mit fortschreitender Umformung

a) durch **Austenitformhärten** ε_A = **11,84 %**
b) durch Austenitformhärten ε_A = 14,46 %

c) durch Kaltwalzen ε_A = 4 % (1. Stich)
d) durch Kaltwalzen ε_A = 2 % (2. Stich)

Vergrößerung 500 : 1

0 50 µm

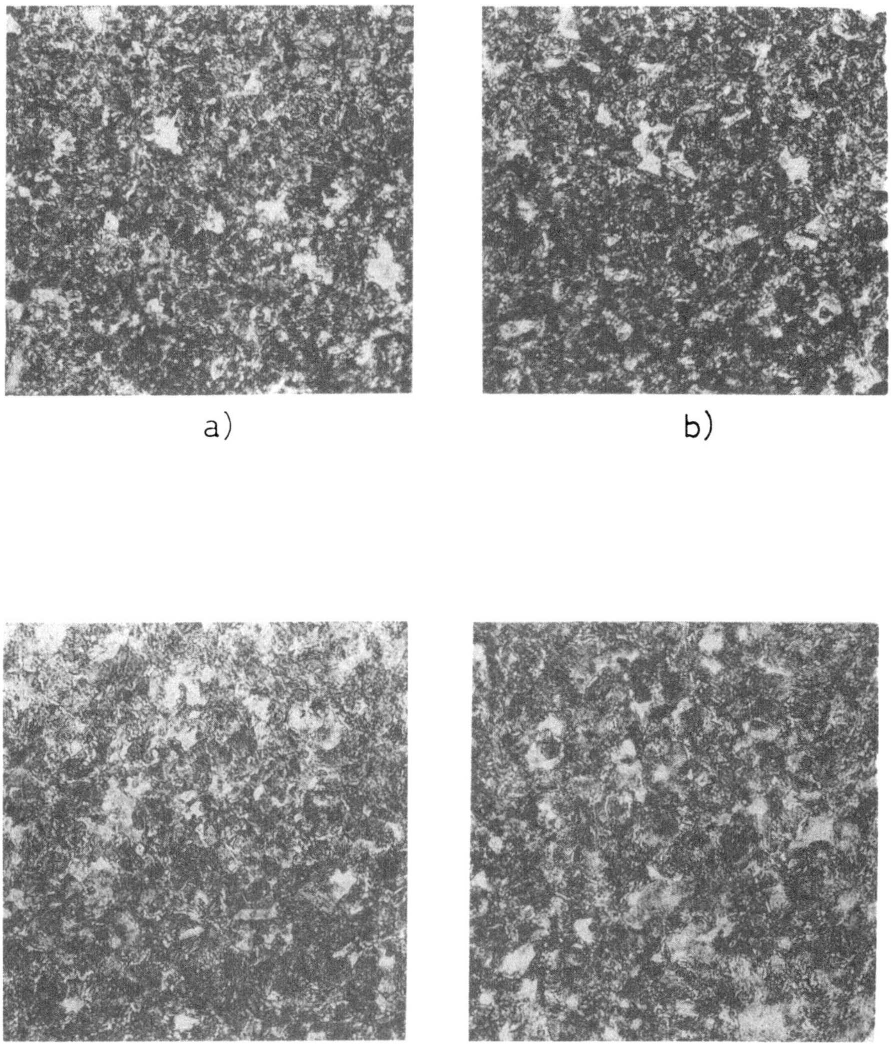

a) b)

c) d)

Bild 62 a - d: Gefügeveränderung (Querschliffe) mit fortschreitender Umformung

a) durch Austenitformhärten ε_A = 11,84 %
b) durch Austenitformhärten ε_A = 14,46 %

c) durch Kaltwalzen ε_A = 4 % (1. Stich)
d) durch Kaltwalzen ε_A = 2 % (2. Stich)

Vergrößerung 500 : 1

0 50 µm

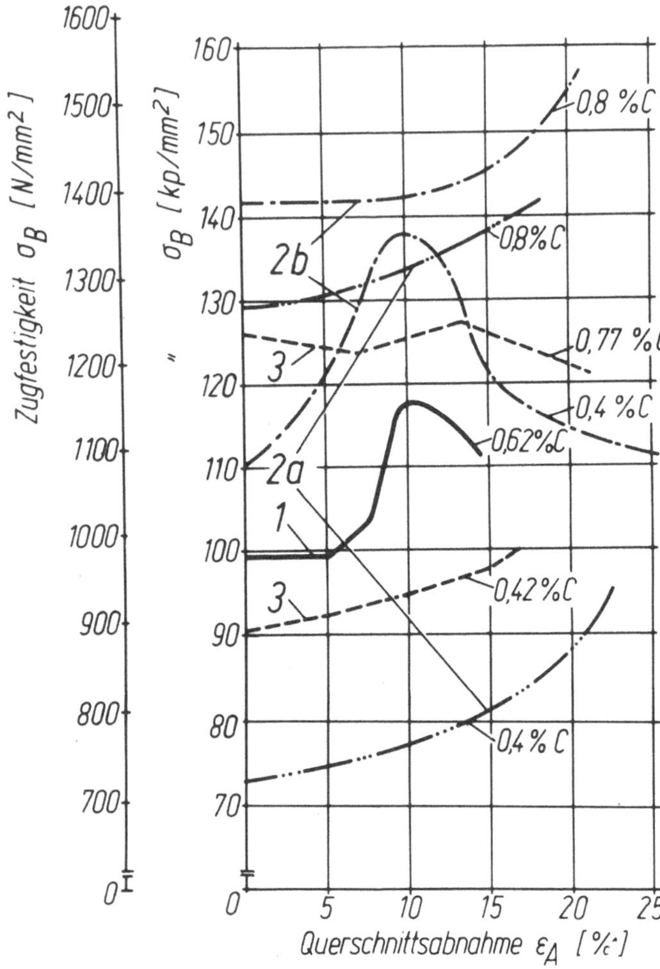

Bild 63: Zusammenstellung der Ergebnisse eigener und aus der Literatur bekannter Untersuchungen

1 Eigene Untersuchungen: Aust.-Temp. 1099 °C; Bleibad-Temp. 535 °C; Umformkasten-Temp. 400 °C (Der abfallende linke Kurvenast wie in den Bildern 55 + 56 wurde der Deutlichkeit halber weggelassen)

2 Untersuchungen von B. M. Armstrong [66]:
a) Aust.-Temp. 950 °C; Bleibad-Temp. 540 °C
b) Aust.-Temp. 950 °C; Bleibad-Temp. 450 °C

3 Untersuchungen von A. Robonyi und L. Tömpe [67]: Aust.-Temp. 940 °C; Bleibad-Temp. 520 °C

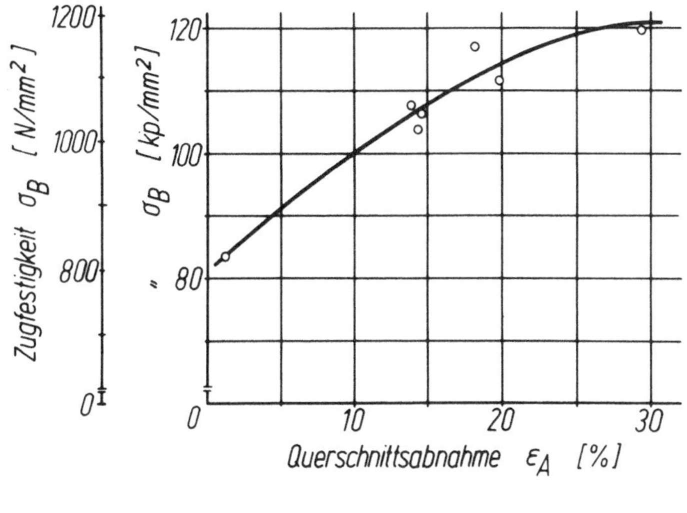

Bild 64: Zugfestigkeiten nach dem Austenitformhärten von Stahldraht der Güte D 65-2 mit ca. 1,0 mm Ausgangsdurchmesser in Abhängigkeit von der in jeweils einem Versuch erreichten maximalen Querschnittsabnahme

Forschungsberichte des Landes Nordrhein-Westfalen

Herausgegeben im Auftrage des Ministerpräsidenten Heinz Kühn
vom Minister für Wissenschaft und Forschung Johannes Rau

Sachgruppenverzeichnis

Acetylen · Schweißtechnik
Acetylene · Welding gracitice
Acétylène · Technique du soudage
Acetileno · Técnica de la soldadura
Ацетилен и техника сварки

Arbeitswissenschaft
Labor science
Science du travail
Trabajo científico
Вопросы трудового процесса

Bau · Steine · Erden
Constructure · Construction material
Soilresearch
Construction · Matériaux de construction
Recherche souterraine
La construcción · Materiales de construcción
Reconocimiento del suelo
Строительство и строительные материалы

Bergbau
Mining
Exploitation des mines
Mineria
Горное дело

Biologie
Biology
Biologie
Biologia
Биология

Chemie
Chemistry
Chimie
Quimica
Химия

Druck · Farbe · Papier Photographie
Printing · Color · Paper · Photography
Imprimerie · Couleur · Papier · Photographie
Artes gráficas · Color · Papel · Fotografia
Типография · Краски · Бумага · Фотография

Eisenverarbeitende Industrie
Metal working industry
Industrie du fer
Industria del hierro
Металлообработывающая промышленность

Elektrotechnik · Optik
Electrotechnology · Optics
Electrotechnique · Optique
Electrotécnica · Optica
Электротехника и оптика

Energiewirtschaft
Power economy
Energie
Energia
Энергетическое хозяйство

Fahrzeugbau · Gasmotoren
Vehicle construction · Engines
Construction de véhicules · Moteurs
Construcción de vehículos · Motores
Производство транспортных средств

Fertigung
Fabrication
Fabrication
Fabricación
Производство

Funktechnik · Astronomie
Radio engineering · Astronomy
Radiotechnique · Astronomie
Radiotécnica · Astronomia
Радиотехника и астрономия

GPSR Compliance

The European Union's (EU) General Product Safety Regulation (GPSR) is a set of rules that requires consumer products to be safe and our obligations to ensure this.

If you have any concerns about our products, you can contact us on ProductSafety@springernature.com

In case Publisher is established outside the EU, the EU authorized representative is:

Springer Nature Customer Service Center GmbH
Europaplatz 3
69115 Heidelberg, Germany

Batch number: 10584556

Printed by Printforce, the Netherlands